Lieber Uwe,
viel Erfolg für
Deine eigene
Arbeit!
Karlsruhe, Juli 2003
Jörg

Planungs- und Steuerungssystem für die Mikromontage mit Mikrorobotern

Zur Erlangung des akademischen Grades eines
Doktors der Ingenieurwissenschaften
von der Fakultät für Informatik
der Universität Fridericiana zu Karlsruhe

genehmigte

D i s s e r t a t i o n

von
Dipl.-Inform. Jörg Seyfried
aus Lahr/Schwarzwald

Tag der mündlichen Prüfung: 29. April 2003
Erster Gutachter: Prof. Dr.-Ing. H. Wörn
Zweiter Gutachter: Prof. Dr.-Ing. habil. G. Bretthauer

Bibliografische Information Der Deutschen Bibliothek

Die Deutsche Bibliothek verzeichnet diese Publikation in der Deutschen Nationalbibliografie; detaillierte bibliografische Daten sind im Internet über http://dnb.ddb.de abrufbar.

©Copyright Logos Verlag Berlin 2003
Alle Rechte vorbehalten.

ISBN 3-8325-0271-8

Logos Verlag Berlin
Comeniushof, Gubener Str. 47,
10243 Berlin
Tel.: +49 030 42 85 10 90
Fax: +49 030 42 85 10 92
INTERNET: http://www.logos-verlag.de

Vorwort

Die vorliegende Dissertation entstand während meiner Tätigkeit als wissenschaftlicher Mitarbeiter am Institut für Prozessrechentechnik, Automation und Robotik (IPR) der Universität Karlsruhe (TH).

Mein besonderer Dank gilt Herrn Prof. Dr.-Ing. H. Wörn für die Übernahme des Referats und die großzügige Unterstützung und Förderung der Forschungsarbeiten in der Mikrorobotik. Ebenso danke ich Herrn Prof. Dr.-Ing. G. Bretthauer für sein Interesse an der Arbeit und die Übernahme des Korreferats.

Ganz spezieller Dank gilt Herrn Prof. Dr.-Ing. Sergej Fatikow, der mich früh und nachhaltig für die Mikrorobotik begeistern konnte und eine hervorragende Forschungsgruppe in Karlsruhe aufgebaut hat.

Ein großes Dankeschön schulde ich allen Kollegen aus der Mikrorobotik-Gruppe für ihr anhaltendes Engagement, die Diskussionen und die gute Atmosphäre. Auch meine ehemaligen (Büro-) Kollegen, insbesondere Stephan Fahlbusch, Matthias Kiefer, Karoly Santa, Thomas Fischer und Björn Magnussen dürfen an dieser Stelle nicht unerwähnt bleiben. Denjenigen, die meine Arbeit Korrektur gelesen haben, Ferdinand Schmoeckel, Axel Bürkle und Ramon Estaña, danke ich für ihr scharfes Auge, dem kaum ein Fehler entgangen sein dürfte, ihre Anmerkungen und Kritik.

Ein herzlicher Dank geht an alle meine Kollegen am Institut, insbesondere an diejenigen, die mich durch ihre Anregungen, Kritik und die Sicht „von außen" davor bewahrt haben, den Überblick in der Mikrowelt zu verlieren. Auch all diejenigen, die dafür gesorgt haben, dass die gesellige Seite des Arbeitens nicht vergessen wurde, seien hier dankend erwähnt.

Nicht zu unterschätzen ist die enorme Menge an Aufwand, der erforderlich ist, eine Arbeit wie die vorliegende zu untermauern, zu validieren und mit Leben zu füllen. Deshalb möchte ich allen Studierenden danken, die an der Realisierung meiner Arbeit beteiligt waren: Sergey Chirkov (für seine langjährige Mitarbeit), Ralf Edelbrock (für seine ruhige Hand und guten Ideen), Julius Ziegler (für die unerschrocken ausgefochtenen Kämpfe mit diversen Compilerversionen), Manuel Richardt (für ein System, das immer noch im Einsatz ist), Gélika Papp und Viktor Varsa.

An dieser Stelle möchte ich weiterhin dem nichtwissenschaftlichen Personal des Instituts danken, die den Forschungsbetrieb am IPR überhaupt erst ermöglichen.

Meine Arbeit möchte ich auch dem Gedenken an Herrn Professor em. Dr.-Ing. U. Rembold widmen, der den Mikrorobotik-Forschungsbereich am IPR ins Leben gerufen hat und aus seinem reichen Erfahrungsschatz so manchen wertvollen Hinweis geben konnte. Er hat eine schmerzliche Lücke am Institut hinterlassen.

Zum Schluß danke ich Stefanie und meiner Familie – für ihr Korrekturlesen und alles andere.

Karlsruhe, im Mai 2003   Jörg Seyfried

für Stefanie

Inhaltsverzeichnis

verwendete Formelzeichen   xi

1 Einleitung   1
    1.1 Aufbau der Arbeit 2

2 Aufgabenstellung und Anforderungen   3
    2.1 Problemstellung 3
       2.1.1 Roboter in der Mikromontage 6
       2.1.2 Aufgabenstellung 8
    2.2 Anforderungen der Mikromontage 8
       2.2.1 Anforderungen an ein Mikromontage-Steuerungssystem . 10
       2.2.2 Anforderungen an ein Mikromontage-Planungssystem . . 12
       2.2.3 Hardwareanforderungen 14
    2.3 Zusammenfassung 14

3 Stand der Forschung   15
    3.1 Mikrorobotersysteme 16
       3.1.1 Klassifikationen 17
       3.1.2 Stationäre Roboter 19
       3.1.3 Mobile Roboter 22
    3.2 Steuerungsansätze für Mikroroboter 26
       3.2.1 Übertragbarkeit herkömmlicher Steuerungen 26
       3.2.2 Steuerungen von Mikrorobotersystemen 27
    3.3 Planungssysteme 28
    3.4 Schlussfolgerungen 29

4 Systementwurf   31
    4.1 Die Mikromontagestation 32
    4.2 Konzept des Steuerungssystems 32
    4.3 Konzept des Planungssystems 34
    4.4 Steuerrechner 36

		4.4.1	Hybrides Parallelrechnersystem	36

```
        4.4.1   Hybrides Parallelrechnersystem  . . . . . . . . . . . . .  36
        4.4.2   PC-basierter Steuerrechner  . . . . . . . . . . . . . . .  39
   4.5  Durchführung der Montage . . . . . . . . . . . . . . . . . . . .  40
        4.5.1   Angepasste Mikromontageprimitive  . . . . . . . . . . .  40
   4.6  Zusammenfassung  . . . . . . . . . . . . . . . . . . . . . . . .  45
```

5 Entwicklung des Mikromontage-Steuerungssystems 47

```
   5.1  Entwurf des Steuerungssystems  . . . . . . . . . . . . . . . . . 48
        5.1.1   Auswahl des Betriebssystems  . . . . . . . . . . . . . . 48
        5.1.2   Entwurfsmethodik  . . . . . . . . . . . . . . . . . . . . 50
        5.1.3   Objekthierarchie  . . . . . . . . . . . . . . . . . . . . 51
        5.1.4   Modellierung der Steuerungsobjekte . . . . . . . . . . . 52
        5.1.5   Mögliche Formen der Objektkopplung . . . . . . . . . . 62
        5.1.6   Simulation der Objektkopplung  . . . . . . . . . . . . . 63
   5.2  Entwicklung der Robotersteuerung . . . . . . . . . . . . . . . . 65
        5.2.1   Entwicklung der Aktorsteuerungen auf Basis des hybri-
                den Parallelrechners  . . . . . . . . . . . . . . . . . . 65
        5.2.2   Entwicklung der Steuerungsebene . . . . . . . . . . . . 68
        5.2.3   Entwicklung der PC-basierten Mikromontagesteuerung . . 70
        5.2.4   Entwicklung der Objektkopplung  . . . . . . . . . . . . 70
        5.2.5   Montageskills . . . . . . . . . . . . . . . . . . . . . . 73
        5.2.6   Regelungsalgorithmen  . . . . . . . . . . . . . . . . . . 74
        5.2.7   Entwicklung der Leitebene . . . . . . . . . . . . . . . . 74
   5.3  Zusammenfassung und Übertragbarkeit  . . . . . . . . . . . . . 80
```

6 Entwicklung eines Mikromontage-Planungssystems 81

```
   6.1  Welt- und Produktmodell . . . . . . . . . . . . . . . . . . . . . 81
   6.2  Definition von Durchführbarkeitskriterien  . . . . . . . . . . . . 83
        6.2.1   Geometrische Durchführbarkeit  . . . . . . . . . . . . . 83
        6.2.2   Mechanische Durchführbarkeit . . . . . . . . . . . . . . 87
        6.2.3   Skalierungsbedingte Durchführbarkeit  . . . . . . . . . . 88
        6.2.4   Kontrollierbarkeit von Montageoperationen  . . . . . . . 89
   6.3  Ermittlung von Montagefolgen . . . . . . . . . . . . . . . . . . . 91
   6.4  Bestimmung der optimalen Montagefolge  . . . . . . . . . . . . 92
        6.4.1   Algorithmus zur Bestimmung korrekter Montagefolgen . . 92
        6.4.2   Berechnung der optimalen Montagefolge  . . . . . . . . 95
   6.5  Dekomposition der Montagefolge  . . . . . . . . . . . . . . . . 102
        6.5.1   Ermittlung von Roboter-Kandidaten und Zuteilung . . . . 103
        6.5.2   Dekompositions-Algorithmus . . . . . . . . . . . . . . . 105
   6.6  Realisierung . . . . . . . . . . . . . . . . . . . . . . . . . . . . 106
   6.7  Zusammenfassung  . . . . . . . . . . . . . . . . . . . . . . . . 106
```

7 Test und Erprobung — 109
- 7.1 Die verwendeten Mikroroboter — 109
  - 7.1.1 Miniman-III — 109
  - 7.1.2 Die Linsenjustage-Einheit — 109
  - 7.1.3 RobotMan — 111
  - 7.1.4 Miniman-IV — 112
- 7.2 Die Mikromontagestationen — 113
- 7.3 Implementierung des Steuerungssystems — 114
  - 7.3.1 Der Steuerungsrechner — 114
  - 7.3.2 Roboterkooperation — 116
- 7.4 Implementierung des Planungssystems — 118
  - 7.4.1 Montagebeispiel — 118
  - 7.4.2 Online Neuplanung — 119

8 Zusammenfassung und Ausblick — 123
- 8.1 Ergebnisse dieser Arbeit — 123
- 8.2 Ausblick — 125

Abbildungsverzeichnis — 127

Tabellenverzeichnis — 129

A Die Stationsobjekte — 133
- A.1 Die Zustände der Objekte — 133
- A.2 Zustandsübergangsfunktionen — 134
- A.3 Petri-Netz für ein 1-Roboter-Szenario — 136
- A.4 Simulationsergebnisse — 138

B Mikromontage-Beispiel — 145
- B.1 Die initialen Durchführbarkeitsmatrizen — 145
- B.2 Die iterative Berechnung — 148

Literaturverzeichnis — 153
- Eigene Veröffentlichungen — 153
- Referenzen — 158

Index — 166

verwendete Formelzeichen

Schreibweisen

Skalare und Mengen x (lateinische Buchstaben)
Vektoren $\vec{x}$ (lateinische Kleinbuchstaben mit Vektorpfeil)
Matrizen $\vec{X}$ (lateinische Großbuchstaben mit Vektorpfeil)
Winkel, Konfigurationen Ψ (griechische Großbuchstaben)

Formalismen höherer Ordnung wie Automaten oder Petri-Netze sind in Schreibschrift gesetzt, beispielsweise Automat $\mathcal{A}$ oder Petri-Netz $\mathcal{PN}$.

lateinische Kleinbuchstaben

Symbol	Beschreibung	eingeführt,	Seite
a_i, b_i, e_i	Gewichtskoeffizienten	Gl. 6.33	97
c_r	Kosten der Montageoperation r	Gl. 6.33	97
cc_k	Schwierigkeitsgrad einer Verbindung	Gl. 6.35	98
d_r	Schwierigkeitsgrad einer Verbindung	Gl. 6.34	97
$\vec{f}_k$	Separationsfreiheit in Konfiguration Θ_k	Def. 6.2	84
$fa_{k,ij}$	Elemente der Matrix $\overrightarrow{FA_k}$	Def. 6.29	92
$\overrightarrow{fm_k}$	Manipulationsfreiheit in Konfiguration Θ_k	Def. 6.3	84
$\overrightarrow{fv_k}$	Kontrollierbarkeit in Konfiguration Θ_k	Gl. 6.23	90
$hm_{k,ij}$	Elemente der Matrix $\overrightarrow{HM_k}$	Gl. 6.39	99
h_js	Bewegungsaufwand von Roboter s zur Durchführung einer Operation	Gl. 6.47	104
h_r	Ausführungszeit einer Operation	Gl. 6.34	97
j	Kosten der optimalen Montagefolge	Gl. 6.32	97
j_k	Kostenfunktion der Montagefolge k	Gl. 6.33	97
l_k	Anzahl der Operationen in der Folge k	Gl. 6.33	97

Symbol	Beschreibung	eingeführt, Seite	
m_i	Petri-Netz-Markierung nach i Schritten	Abs. 5.1.4	59
$\vec{mp}$	Montagepotenzial der Station	Def. 6.13	86
$\vec{msv}$	visuell-sensorisches Stationspotenzial	Def. 6.24	90
p	Anzahl der korrekten Montagefolgen	Gl. 6.32	97
q_r	Minimale Kosten bei optimalem Robotereinsatz	Gl. 6.44	104
rs_k	Koeffizient der relativen Stabilität	Gl. 6.15	87
$\vec{r}_t$	Manipulationsfähigkeit des Roboters t	Gl. 6.11	86
s	Nummer der Konfiguration $\Theta_{L_{l,s}}$ in $S\Theta_l$	Abs. 6.4.1	92
s_0	Startzustand eines Automaten	Gl. 5.3	55
v_k	Anzahl der alternativen Folgen zu Folge k	Gl. 6.33	97
w_r	Anzahl Freiheitsgrade eines gefügten Teils	Gl. 6.34	97
w_{rs}	Bewegungspotenzial des Roboters s bzgl. op_r	Gl. 6.46	104
y_k	Kosten der optimalen Montagefolge	Gl. 6.32	97
x_{rs}	Kosten von op_r durch Roboter s	Gl. 6.45	104
z	laufende Nummer von $\theta_{M_{m,z}}$ in Θ_m	Abs. 6.4.1	92
z_k	Parallelisierungsgrad der Folge k	Gl. 6.33	97

lateinische Großbuchstaben

Symbol	Beschreibung	eingeführt, Seite	
A	Ausgabemenge eines Automaten	Gl. 5.3	55
$\overline{A}$	parameterlose Ausgabemenge eines PDEA	Def. 9	56
$\mathcal{A}_B$	deterministischer endlicher Automat der Klasse B	Gl. 5.3	55
A^Γ	Menge von Ausgabemengen eines Automatenverbundes	Def. 10	58
AO	Menge der aktiven Stationsobjekte	Gl. 5.2	54
B	Menge der Teile einer Baugruppe	Def. 11	82
BIG_k	Menge der Teilbaugruppen mit makroskopischem Verhalten in Θ_k	Gl. 6.19	88
B_s	Binärsemaphor, das die Bereitschaft von Roboter s anzeigt	Gl. 6.48	105
C	Menge der Basisklassen der Station	Gl. 5.1	54
$\vec{CC}_k$	Matrix der Schwierigkeitsgrade aller mechanischen Verbindungen in Θ_k	Gl. 6.35	98
E	Eingabemenge eines Automaten	Gl. 5.3 ff.	55

VERWENDETE FORMELZEICHEN XIII

Symbol	Beschreibung	eingeführt,	Seite
$\overline{E}$	parameterlose Eingabemenge eines PDEA	Def. 9	56
E^Γ	Menge von Eingabemengen eines Automatenverbundes	Def. 10	58
F	Menge der Finalzustände eines Automaten	Gl. 5.3	55
$\mathcal{F}$	Zustandsfolge eines Automatenverbundes	Gl. 5.4	60
$\overrightarrow{FA_k}$	Durchführbarkeitsmatrix	Gl. 6.29	92
$\overrightarrow{FE}$	geometrische Montageeinschränkungen	Gl. 6.12	86
G	geometrisches Modell einer Baugruppe	Gl. 6.1	83
$\overrightarrow{GEO_k}$	Matrix der geometrischen Durchführbarkeit	Gl. 6.27	91
$\overrightarrow{HM_k}$	Matrix der Ausführungszeiten der Operationen	Gl. 6.38	99
I_s	Laufende Nummern der Teilbaugruppe θ_s	Gl. 6.7	85
$L_{l,s}$	Laufende Nummer einer Konfiguration	Abs. 6.4.1	92
$\mathcal{M}_B$	Mikromontagemodell einer Baugruppe B	Gl. 6.1	83
$\overrightarrow{MAK_k}$	Matrix der skalierungsbedingten Durchführbarkeit	Gl. 6.27	91
$\overrightarrow{MEC_k}$	Matrix der mechanischen Durchführbarkeit	Gl. 6.27	91
$\overrightarrow{MF_k}$	Separationsfreiheitsmatrix in Θ_k	Def. 6.4	85
$\overrightarrow{MFM_k}$	Manipulationsfreiheitsmatrix in Θ_k	Def. 6.4	85
$\overrightarrow{MFV_k}$	Kontrollierbarkeitsmatrix in Konfiguration Θ_k	Gl. 6.25	90
MMP	Menge der Mikromontageprimitive	Def. 7	43
$M_{m,z}$	Laufende Nummer einer Teilbaugruppe in SA	Abs. 6.4.1	92
MP	Menge der Montageprimitive	Abs. 4.5.1	40
M_s	Anzahl der Elemente in Teilbaugruppe θ_s	Gl. 6.7	85
OP	Kanten des Durchführbarkeitsgraphen	Abs. 6.4.1	92
P	Parametermenge	Def. 8	56
Q_G	Quellrelation eines Petri-Netzes	Abs. 5.1.4	59
$\mathcal{PN}_\Gamma$	dem Automatenverbund Γ korrespondierendes Petri-Netz	Satz 1	58
$\overrightarrow{RS_k}$	Stabilitätsmatrix der Verbindungen (rs_k)	Gl. 6.15	87
S	Zustandsmenge eines Automaten	Gl. 5.3 ff.	55
SA	Knoten des Durchführbarkeitsgraphen	Abs. 6.4.1	92
SC	Menge der möglichen Verbindungen einer Baugruppe	Gl. 6.1	83
S_G	Stellen eines Petri-Netzes	Abs. 5.1.4	59
SKA_k	skalierungsbedingte Durchführbarkeit in Θ_k	Gl. 6.20	88

Symbol	Beschreibung	eingeführt, Seite	
SL	Menge der Montagerestriktionen einer Baugruppe	Gl. 6.1	83
SP_s	Montageplan für Mikroroboter s	Gl. 6.48	105
$S\Theta_l$	Stabile Konfigurationen aus $\Delta(B)$ der Länge l	Abs. 6.4.1	92
T_G	Transitionen eines Petri-Netzes	Abs. 5.1.4	59
$\overrightarrow{TM}$	Matrix der zur Montage geeigneten Roboter	Gl. 6.43	104
U_k	Menge der instabilen mechanischen Verbindungen einer Konfiguration Θ_k	Abs. 6.18	88
$\overrightarrow{VIS}_k$	Matrix der Kontrollierbarkeit	Gl. 6.27	91
$W(\theta_v)$	Parallelisierungsgrad für $\theta_v = \theta_i \cup \theta_j$	Abs. 6.41	99
X^μ	ein Mikromontageprimitiv	Def. 7	43
Z_G	Zielrelation eines Petri-Netzes	Abs. 5.1.4	59
ZF_x	lokale Zustandsübergangsfunktion des Objekts x	Abs. 5.1.4	57
ZF	globale Zustandsübergangsfunktion der Station	Abs. 5.1.4	57

griechische Buchstaben

Symbol	Beschreibung	eingeführt, Seite	
δ	Zustandsübergangsfunktion	Gl. 5.3 ff.	55
$\Delta(B)$	Konfigurationsraum einer Baugruppe B	Def. 11	82
ΔS_{ij}	Abstand unmontierter Teilbaugruppen	Def. 6.39	99
ΔS_{max}	maximaler Abstand unmontierter Teilbaugruppen im Arbeitsraum	Def. 6.39	99
$\Delta \theta_p$	erforderliche Rotationswinkel bei der Montage	Def. 6.39	99
$\bar{\delta}$	parameterlose Übergangsfunktion eines PDEA	Def. 9	56
Γ	Automatenverbund	Def. 10	58
Π	Menge der korrekten Montagefolgen einer Baugruppe	Def. 6.1	83
Π_{opt}	optimale Montagefolge einer Baugruppe	Def. 6.1	83
θ_i	Teilbaugruppe i	Def. 13	82
Θ	Menge der möglichen Konfigurationen	Def. 6.1	83
Θ_k	Konfiguration nach k Montageschritten	Def. 12	82

Kapitel 1

Einleitung

Die Errungenschaften der Mikrosystemtechnik gewinnen mehr und mehr Bedeutung in unserem täglichen Leben. Viele Bereiche sind heute ohne mikrotechnische Produkte nicht mehr denkbar, beispielsweise die Speichertechnologie der Computerindustrie (Festplatten, DVDs etc.), die Automobiltechnik (Airbagsensoren) oder die minimal invasive Chirurgie.

Interessanterweise gibt es keine verbindliche Definition des Begriffs Mikrosystemtechnik. Gewöhnlich versteht man unter einem Mikrosystem ein miniaturisiertes System, in dem mindestens eine Sensor- oder Aktorkomponente mit informationsverarbeitenden Komponenten auf kleinstem Raum integriert ist. Dabei müssen zur Herstellung des Mikrosystems mikrotechnische Verfahren zum Einsatz kommen.

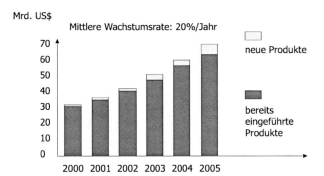

Abbildung 1.1: Markt und Prognose für mikrotechnische Produkte (nach[Con02], vgl. auch [WÜEW98])

Abbildung 1.1 zeigt die Prognose der Nexus Task Force für den Markt von Mikrosystemen; die jährliche Wachstumsrate liegt derzeit bei ca. 18%. Dies zeigt das große Potenzial, das im Markt für Mikrosysteme steckt. Allerdings gibt es auf dem Gebiet der Mikrosystemfertigung noch offene Fragen. Die Bewältigung eines dieser Probleme, die Mikromontage, ist Gegenstand der vorliegenden Arbeit.

1.1 Aufbau der Arbeit

Kapitel 2 gibt die Problemstellung für diese Arbeit an und definiert die Anforderungen an die Hardware und Software.

Kapitel 3 gibt nach einigen grundlegenden Definitionen einen Überblick über den Stand der Technik und den Stand der Forschung auf dem Gebiet der Mikrorobotik, einschließlich deren Steuerungssysteme und deren Montageplanungssysteme.

Kapitel 4 zeigt eine Gesamtsystemarchitektur für die durchgängige Betrachtung und Berücksichtigung der Mikroeffekte bei der Mikromontage. Dann wird eine geeignete Architektur eines Planungs- und eines Steuerungssystems für die automatisierte Mikromontage entworfen. Dieser Systementwurf wird in den beiden folgenden Kapiteln verfeinert:

Kapitel 5 stellt das Mikromontage-Steuerungssystem im Detail vor. In

Kapitel 6 wird das Mikromontage-Planungssystem erörtert.

Kapitel 7 beschreibt die Realisierung und Erprobung des Systems.

Kapitel 8 schließt mit einer Zusammenfassung und einem Ausblick.

Kapitel 2

Aufgabenstellung und Anforderungen

In diesem Kapitel sollen die Probleme der automatisierten Mikromontage aufgezeigt, die Aufgabenstellung der vorliegenden Arbeit formuliert, und die Anforderungen der Mikromontage an das ausführende System analysiert werden.

2.1 Problemstellung

Das Problem der Mikromontage stellt sich bei einer bestimmten Klasse von Mikrosystemen, den sogenannten **hybriden Mikrosystemen**. Mikrosysteme lassen sich bezüglich ihrer Herstellung klassifizieren in:

- **Monolithisch integrierte Mikrosysteme** werden in Batch-Prozessen[1] auf einem Substrat durchgängig mit verschiedenen Mikrotechniken hergestellt. Hierbei ist keinerlei Montage erforderlich.

- **Hybride Mikrosysteme** werden aus einer Vielzahl von Werkstoffen und mit unterschiedlichsten Mikrotechniken hergestellt. Dabei muss abschließend eine Montage der einzelnen Komponenten des kompletten Mikrosystems erfolgen. Die Vorteile der hybriden Variante sind:

    - Niedrigere Kosten und Entwicklungszeiten,
    - Höhere Ausbeute,
    - Einfacherer Herstellungsprozess,

---

[1] ein Batch-Prozess ist ein Fertigungsprozess, bei dem mehrere Siliziumscheiben (Wafer), auf denen sich eine Vielzahl von Chips befinden, gleichzeitig bearbeitet werden.

– Höhere Flexibilität durch unterschiedliche Verfahren wie *grid arrays*, *multi chip modules* oder *flip-chip*.

Diese Vorteile müssen jedoch durch den erhöhten Aufwand bei der Montage erkauft werden [Wal01], vgl. Abb. 2.1.

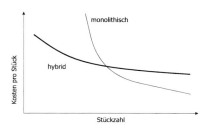

Abbildung 2.1: Kosten/Stückzahl-Verhältnis von hybriden und monolithischen Mikrosystemen (nach [Wal01])

Die Fertigung von hybriden Mikrosystemen legt dem Entwurf des eigentlichen Mikrosystems grundsätzlich keinerlei Einschränkungen auf. Im Gegensatz dazu dürfen bei monolithischen Systemen nur miteinander verträgliche Werkstoffe und sich nicht ausschließende Mikrotechniken zum Einsatz kommen. Die einzigen Einschränkungen, die derzeit die Herstellung von komplexen hybriden Mikrosystemen mit vielfältigen Funktionen hemmen, sind die Probleme bei der Montage.

Dass sich herkömmliche Montageprinzipien nicht einfach in die Mikrosystemtechnik übertragen lassen, liegt an sogenannten **Skalierungseffekten**: Verkleinert *(skaliert)* man ein zu handhabendes Bauteil, beispielsweise einen Würfel der Kantenlänge a, so nimmt dessen Masse und damit die auf das Bauteil wirkende Gravitationskraft mit der dritten Potenz der Kantenlänge ab (also proportional zu a^3). Die Oberflächenkräfte (elektrostatische Kraft, Adhäsionskraft durch Feuchtigkeit, van-der-Waals-Kräfte etc.) verringern sich dagegen lediglich proportional zur *Oberfläche*, also mit a^2. Abbildung 2.2 erläutert den qualitativen Zusammenhang zwischen Oberflächenkräften und der Gravitation.

Bei Objekten des täglichen Lebens ist stets die Gravitation die dominierende Kraft[2]. Wie man in Abbildung 2.2 jedoch sieht, gewinnen die Oberflächenkräfte bei einer Objektgröße von weniger als einem Millimeter langsam die Überhand und dominieren das Verhalten der Bauteile[3].

---

[2]so sind wir es gewohnt, dass ein losgelassenes Objekt stets auf den Boden zu fallen pflegt
[3]was dazu führt, dass ein losgelassenes Objekt an der Pinzette „klebt"

2.1 PROBLEMSTELLUNG

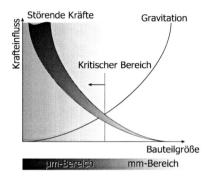

Abbildung 2.2: Skalierungseffekte: Oberflächenkräfte vs. Volumenkräfte

Diese Skalierungseffekte [Fea95], [SF97] führen zu der in Abbildung 2.3 gezeigten, für die „Mikrowelt" typischen Situation, die durch das ungewohnte Verhältnis der Kräfte bei der Mikromontage eintritt. Im linken Teil der Abbildung ist der Ausgangszustand dargestellt: Ein Mikroroboter hat ein Zahnrad mit einem Durchmesser von 500 µm gegriffen. Rechts ist der Zustand nach dem Öffnen der Greifer gezeigt. Wie man am überlagerten Originalzustand erkennen kann, ist das Zahnrad am linken Endeffektor haften geblieben und wurde beim Öffnen des Greifers durch die linke Greiferbacke mitbewegt. Auch ein Abrücken des Greifers nach hinten löst die ungewollte Verbindung zwischen Teil und Endeffektor nicht.

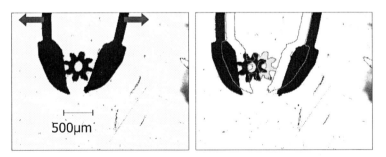

Abbildung 2.3: Indeterminismen in der Mikrowelt: Fehlgeschlagenes Ablegen (rechts) eines gegriffenen Mikrozahnrads (links, Durchmesser: 500 µm)

Abbildung 2.4 verdeutlicht die in der Mikrowelt vorherrschenden ungewöhnlichen Kräfteverhältnisse anhand eines uns eher geläufigen Beispiels: dem Wasserläufer (*Gerridae*), der in der Lage ist, auf dem Wasser zu gehen. Dies geschieht unter Zuhilfenahme der im Vergleich zu seiner Gewichtskraft (die eine Volumenkraft ist) großen Oberflächenspannung des Wassers (eine Oberflächenkraft).

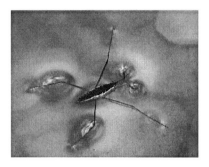

Abbildung 2.4: „Geläufigere" Skalierungseffekte: Wasserläufer (Gerris remigis). Mit freundlicher Genehmigung von [Lew00]

Bei der Montage kleinster Systeme kann auch der umgekehrte Fall eintreten: Falls das zu greifende Objekt und der Greifer gleichnamig elektrostatisch geladen sind, bewegt sich das Objekt, sobald sich ihm der Greifer nähert. Dies kann zu plötzlichen, nicht kontrollierbaren „Sprüngen" von Mikroobjekten führen.

Dass sich unter diesen Voraussetzungen die Montage von Bauteilen mit Abmessungen von wenigen hundert Mikrometern äußerst schwierig gestaltet, liegt auf der Hand. Indeterministisches Verhalten der Bauteile erschwert bereits die manuelle Montage von Mikrosystemen, macht die automatisierte, roboterbasierte Montage jedoch sehr schwierig.

2.1.1 Roboter in der Mikromontage

Wie im letzten Abschnitt gezeigt, spielen bei der Miniaturisierung von Bauteilen physikalische Effekte eine Rolle, die über das reine Skalieren der Bewegungen und die Erhöhung der Roboterpräzision hinaus gehen. Diese Effekte stellen besondere Anforderungen an Roboter für die Handhabung kleinster Teile und somit an Roboter für die Mikromontage.

2.1 PROBLEMSTELLUNG

Besonderheiten bei der Handhabung kleinster Bauteile

Systematische Untersuchungen der Probleme, die bei der Mikromontage auftreten, etwa [ZKK99] und [ZN98], kommen zu relativ pessimistischen Schlussfolgerungen. Die Zusammenhänge der Mikrokräfte lassen sich i.d.R. nur für sehr einfache Kontaktsituationen und elementare Objektgeometrien, wie sie bei komplexen Mikrosystemkomponenten nicht vorliegen, berechnen. Hierbei müssten auch alle physikalischen Zustände des zu montierenden Systems und der Montageeinrichtungen laufend gemessen werden. Die Komplexität der Zusammenhänge verbietet weiterhin eine online-Berechnung in Echtzeit. Daraus folgt für tatsächliche Montageaufgaben, dass die Ausführung aller Montageoperationen unter Sensorüberwachung stattfinden muss, da die dominanten Oberflächenkräfte jederzeit zu unkontrollierten Objektbewegungen führen können. Wenn das Steuerungssystem in der Lage ist, diese Bewegungen zu kompensieren bzw. den Systemzustand nach einer solchen Objektbewegung wieder zu bestimmen, kann der Montageprozess weitergeführt werden, anderenfalls muss Hilfe vom Bediener angefordert werden.

Spezielle Greifer für die Mikromontage

Angepasste Robotergreifer, wie in [SW98] und [MM99] vorgestellt (Abb. 2.5), die den Einfluss der Oberflächenkräfte durch speziell strukturierte Greiferflächen und dadurch minimierte Kontaktflächen vermindern, können diese Probleme zwar lindern, nicht aber die grundlegenden physikalischen Gegebenheiten verändern und auch beispielsweise kein Anhaften der Bauteile untereinander verhindern.

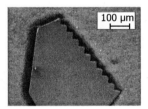

Abbildung 2.5: Strukturierter Robotergreifer zur Minimierung der Kontaktflächen. Mit freundlicher Genehmigung aus [CMTD98]

Weitere Greifprinzipien für die Mikrowelt sind exemplarisch in Tabelle 2.1 aufgeführt. Wie man sieht, ist kein Verfahren in der Lage, die Mikroeffekte vollständig zu kompensieren.

Greifprinzip	Anziehung	Abstoßung
Adhäsionsgreifen über Gefrieren	–	+
Adhäsionsgreifen + thermisches Verdampfen	–	+
Formschlüssige Greifer	–	o
Strukturierte Greifer mit minimierter Kontaktfläche	o	–
Gezieltes elektrisches Anziehen bzw. Abstoßen der Objekte	o	o
Vibration	+	–
Pneumatikgreifer	o	+

Tabelle 2.1: Bewertung der Lösungsansätze bei den Greifprinzipien und deren Eignung von gut (+) über (o) bis schlecht (–)

2.1.2 Aufgabenstellung

Die vorliegende Arbeit soll einen Beitrag leisten, die Probleme zu bewältigen, welche die automatisierte Montage von kleinsten Systemen derzeit stark erschweren oder sogar verhindern.

In dieser Arbeit sollen intelligente, den Verhältnissen der Mikromontage angepaßte Verfahren entwickelt werden, die auf bestehenden Montagesystemkomponenten beruhen und die automatisierte Mikromontage möglich machen. Hierzu soll ein Planungs- und Steuerungssystem entwickelt werden, das durch einen durchgängigen Ansatz die Schwierigkeiten der Mikromontage auf allen Ebenen beherrschbar macht und damit eine automatisierte Mikromontage ermöglicht.

Dazu sollen zunächst die Montageschritte analysiert werden, bei denen es zu kritischem Verhalten der Mikroteile kommen kann. Dann werden geeignete (lokale) Verfahren vorgestellt, um die Probleme beherrschbar zu machen. Anschließend soll von der Durchführung dieser Verfahren bis zu den übergeordneten Planungsalgorithmen ein durchgängiges Konzept zur Mikromontage erstellt und realisiert werden.

Das Steuerungs- und Planungssystem wird anschließend auf zwei möglichen, hier zu entwickelnden Hardwarearchitekturen implementiert, die im Rahmen dieser Arbeit als Validierung der Softwarekonzepte dienen sollen.

2.2 Anforderungen der Mikromontage

Die in Abschnitt 2.1.1 gezeigten Besonderheiten der Mikromontage sollen im Folgenden analysiert und die Anforderungen an die Systemhardware, die Software und Methodiken aufgezeigt werden. Für die vorliegende Arbeit sei definiert:

2.2 ANFORDERUNGEN DER MIKROMONTAGE

Definition 1 (Mikromontage) *Eine Mikromontageaufgabe ist eine Montageaufgabe, bei der Teile mit Abmessungen von weniger als* 1 mm *mit Fügetoleranzen von weniger als* 200 µm *montiert werden müssen*[4].

Laut DIN EN ISO 8373 [Eur96] ist ein Roboter (vgl. auch [Cap23]) wie folgt definiert:

Definition 2 (Roboter) *Ein Roboter ist ein automatisch gesteuerter, frei programmierbarer Mehrzweck-Manipulator*[5], *der in drei oder mehr Achsen programmierbar ist und zur Verwendung in der Automatisierungstechnik entweder an einem festen Ort oder beweglich angeordnet sein kann.*

Darauf aufbauend sei in dieser Arbeit definiert:

Definition 3 (Mikroroboter) *Ein Mikroroboter ist ein Roboter, der in der Lage ist, Objekte mit Abmessungen von einigen Millimetern bis hin zu wenigen Mikrometern zu handhaben. Dabei erreicht er Wiederholgenauigkeiten von* 10 µm *und besser.*

Weiterhin sei für den Begriff *Mikroroboter* abweichend zu [Eur96] definiert:[6]

Definition 4 (mobiler Mikroroboter) *Ein mobiler Mikroroboter ist ein Mikroroboter, der sich auf oder in einem mit ihm nicht baulich verbundenen Basismedium fortbewegen kann.*

Ein Montagesystem muss neben dem Roboter geeignete Zuführungseinrichtungen, Sensorik und Montagehilfen beinhalten. Bei der Mikromontage stellt die sensorische Überwachung besondere Anforderungen; ein Mikrosystem mit mikrotechnisch gefertigten Bauteilen erfordert im Allgemeinen ein Mikroskop zur Montageüberwachung. Da die Integration eines Mikroskops in ein Montagesystem schwierig ist, soll im Rahmen dieser Arbeit ein auf miniaturisierten, mobilen Mikrorobotern[7], Abbildung 2.6, basierender Ansatz verfolgt werden. Hierzu

---

[4]diese Definition mag etwas grob erscheinen, der „Millimeterbereich" in Abb. 2.2 ist aber durchaus wörtlich zu verstehen.

[5]Definition Manipulator nach DIN EN ISO 8373: [eine] Maschine, deren Mechanismus aus einer Folge von Komponenten besteht, durch Gelenke oder gegeneinander verschieblich verbunden, mit dem Zweck, Gegenstände (Werkstücke oder Werkzeuge) zu greifen und/oder zu bewegen, normalerweise mit mehreren Freiheitsgraden

[6]Die DIN EN ISO 8373 definiert einen mobilen Roboter als einen Roboter, der die für seine Überwachung und Bewegung notwendigen Ausrüstungen (Energieversorgung, Steuerung, Antrieb) mit sich trägt. Dies ist für die Mikrorobotik eine zu weit reichende Definition, da die sich bei derartigen Mikrorobotern (die i.a. als autonome mobile Mikroroboter bezeichnet werden) ergebenden Probleme derzeit erst erforscht werden und praktisch noch keine derartigen Robotersysteme existieren.

[7]deren detaillierte Funktionsweise und Aufbau ist in Abschnitt 3.1.3 erläutert, wo sie auch in den globalen Stand der Forschung eingeordnet werden

Abbildung 2.6: Der mobile Mikroroboter Miniman-III

kommt eine **Mikromontagestation** zum Einsatz, die aus einem Mikroskop (ein herkömmliches, leistungsfähiges optisches Mikroskop oder ein Rasterelektronenmikroskop) besteht. Mit diesem Mikroskop ist eine Basisplatte baulich verbunden, auf dem die mobilen Mikroroboter zum Einsatz kommen. Durch ihre Mobilität können diese dann in den Sichtbereich des Mikroskops gebracht werden. Bei hinreichender Miniaturisierung der Roboter bietet dieser Ansatz den Vorteil, dass mehrere Roboter gleichzeitig unter Mikroskopkontrolle Montageaufgaben durchführen können.

Abbildung 2.7 zeigt eine solche Mikromontagestation schematisch.

2.2.1 Anforderungen an ein Mikromontage-Steuerungssystem

Die Steuerung einer Mikromontagestation, wie sie im letzten Abschnitt gezeigt wurde, muss sehr leistungsfähig sein. Wesentliches Merkmal dieser Station ist der Einsatz mehrerer mobiler, piezoelektrisch angetriebener Mikroroboter. Daraus ergeben sich hohe Anforderungen an das Steuerungs- und Planungssystem, die nun zunächst für die Steuerung präzisiert werden sollen:

- **Ansteuerung der Roboteraktoren.** Ein piezoelektrisch angetriebener Mikroroboter (wie etwa Miniman III, Abb. 2.6) mit 5 Freiheitsgraden und einem Greifer benötigt mindestens 6 Aktoren. Bestehende Mikroroboter verfügen beispielsweise über 7 Aktoren, die insgesamt 25 einzeln ansteuerbare Kanäle benötigen. Für makroskopische Bewegungen müssen diese Kanäle unabhängig voneinander mit bis zu 2 kHz angesteuert werden, wobei pro Sekunde und Kanal bis zu 512.000 Analogwerte auszugeben sind. Somit ist

2.2 ANFORDERUNGEN DER MIKROMONTAGE 11

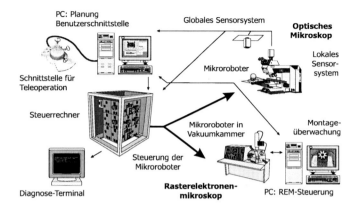

Abbildung 2.7: Schema einer Mikromontagestation basierend auf mobilen Mikrorobotern

eine sehr hohe E/A-Leistung vonnöten, da die Roboter über mehrere Größenordnungen mit stark unterschiedlichen Geschwindigkeiten und Genauigkeiten bewegt werden müssen.

- **Sensordatenverarbeitung.** Um die erforderliche Genauigkeit zu erreichen, muss ein Mikrorobotersystem über geeignete Positionssensoren verfügen. Im Beispiel der mobilen Mikroroboter ist dies i.a. ein bildverarbeitendes System. Weiterhin lässt sich der Mikromontageprozess durch den Einsatz von Kraft- und taktiler Sensorik besser überwachen und planen.

- **Hohe Echtzeitfähigkeit.** Um ein Mehrrobotersystem flüssig mit Roboterbewegungsbefehlen versorgen zu können, muss das Steuerungssystem in der Lage sein, die Montagefolgen, die das Planungssystem den einzelnen Robotern zugeteilt hat, in Echtzeit abzuarbeiten. Aus dieser Anforderung ergibt sich direkt:

- **Enge und lose Kopplungsmechanismen.** (vgl. [Län97]) Um die Echtzeitfähigkeit gewährleisten zu können muss das System in der Lage sein, situationsabhängig eine enge Kopplung zwischen zwei Objekten (also die Synchronisierung des Steuerflusses zweier Objekte, beispielsweise über einen Echtzeitkommunikationskanal oder die Ausführung des Codes durch eine zentrale Instanz, wie in [Län97] beschrieben) bereitzustellen, diese aber nach Beendigung dieser Situation wieder in eine lose Kopplung umzuwandeln, um belegte Systemressourcen (Rechenzeit, Speicher, Echtzeitkommunikationskanäle) freizugeben.

- **Mehrroboterfähigkeit.** Für die meisten Montageaufgaben sind mindestens zwei Mikroroboter nötig. Ein Beispiel ist der Einsatz einer „helfenden Hand". Weiteres Potenzial steckt in der Parallelisierung von Montageabläufen, um die Montagezeiten zu verkürzen.

Um den Anforderungen der Mikromontage gerecht zu werden, ist ein Steuerungssystem erforderlich, das speziell auf die Belange der Mikromontage und Mikrohandhabung zugeschnitten ist.

2.2.2 Anforderungen an ein Mikromontage-Planungssystem

Um einen für die Mikromontage geeigneten Montageplaner entwickeln zu können, muss zunächst die Klassifikation der Planungssysteme betrachtet werden. Hierbei wird die Menge der Pläne in Klassen zerlegt, die bestimmte Eigenschaften aufweisen. Basierend auf diesen Planklassen werden die Montageplaner benannt, beispielsweise erzeugt ein sogenannter *monodirektionaler Montageplaner* monodirektionale Montagepläne.

In Abbildung 2.8 ist die gebräuchlichste Klassifikation von Montageplänen in Form eines Venn-Diagramms abgebildet (nach [Wol89]). Die Unterklassen sind wie folgt definiert:

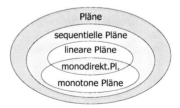

Abbildung 2.8: Klassifikation von Montageplänen

- **Sequentielle Montagepläne:** Alle Bewegungen lassen sich so in eine endliche Folge von Schritten zerlegen, dass sich zu jedem Zeitpunkt alle sich bewegenden Teile entlang derselben Trajektorie bewegen.

2.2 ANFORDERUNGEN DER MIKROMONTAGE

- **Monotone Montagepläne:** Bei dieser Form der sequentiellen Montagepläne werden die Bauteile direkt in ihre Zielpositionen bewegt (ohne Zwischenschritte).

- **Lineare Montagepläne:** Zu einem beliebigen Zeitpunkt während der Ausführung des Plans bewegt sich immer nur genau ein Teil [8].

- **Monodirektionale Pläne:** Es gibt nur eine einzige Montagerichtung (dies entspricht den sogenannten „Block-Welt" Montagefolgen).

Um der Zielsetzung der vorliegenden Arbeit, dem durchgängigen Konzept der Mikromontage von der Planung bis zur überwachten Ausführung der Mikromontage, gerecht zu werden, ist die Wahl der richtigen Montageplanerklasse entscheidend. Ein denkbarer Ansatz wäre es, eine möglichst leicht zu implementierende Montageplanerklasse auszuwählen, da die derzeit in der Mikrosystemtechnik anzufindenden Montageaufgaben in der Regel von der Klasse „monodirektional" sind. Vielversprechender ist es jedoch, mindestens einen monotonen Planer[9] zu implementieren, um auch zukünftigen Entwicklungen der Mikrosystemtechnik gerecht zu werden. Wichtig ist für ein auf mobilen Mikrorobotern basierendes Mikromontagesystem ein nichtlinearer Planer (dieser sieht das gleichzeitige Bewegen mehrerer Teile im Montageplan vor), um den Vorteil der gleichzeitigen Ausführung von Montagefolgen durch mehrere Roboter ausnutzen zu können.

Zusammenfassend muss das Montageplanungssystem die folgenden Eigenschaften haben:

- **Berücksichtigung der Besonderheiten der Mikrowelt** bereits während der Planung, indem die Kostenfunktion des Planers „schwierige" (hinsichtlich der Mikroeffekte) Mikromontagen verhindert.

- **Monodirektional, nichtlinear** um den komplexer werdenden Geometrien zukünftiger Mikrosysteme und einem Mehrroboter-System Rechnung zu tragen.

- Integrierte **Sensoreinsatzplanung**, die gewährleistet, dass für jeden stattfindenden Montageschritt ein Sensor zur Verfügung steht, der die korrekte Durchführung überwachen kann.

- Mögliches **Wiederaufsetzen des Planers im Fehlerfall**, um bei möglichen fehlgeschlagenen Montageschritten und Ausfällen im Robotersystem eine möglichst große Erfüllung des ursprünglichen Montageplans zu gewährleisten.

---
[8] dies impliziert, dass keine Teilbaugruppen vorkommen können!
[9] also einen monodirektionalen und monotonen Planer

2.2.3 Hardwareanforderungen

Um piezoelektrische Mikroroboter wie die in Abschnitt 3.1.3 vorgestellten ansteuern zu können, ist eine relativ hohe E/A-Leistung erforderlich. Der Miniman-Roboter (vgl. Abb. 2.6) verfügt über zwei unabhängige Aktorsysteme, die Plattformeinheit und die Manipulatoreinheit, die jeweils aus drei Aktoren bestehen. Die Aktoren (vgl. Abb. 3.8) werden über vier Kanäle angesteuert[10]. Somit benötigt ein Mikroroboter 25 Steuerkanäle (ein zusätzlicher Kanal für die Ansteuerung des Greifers). Bei einer Schrittfrequenz von 2kHz und einem 8-bit Digital-Analog-Wandler liegt die erforderliche Ausgaberate bereits bei $12,8 \cdot 10^6$ Samples/sec (bei 256 Samples pro Periode). Dieser Wert versteht sich für einen einzelnen Roboter und kann durch Verringern der Quantisierung auf 7 bit noch um eine Größenordnung verringert werden, dennoch ist er ein wichtiges Kriterium für die Auswahl der Hardware des Steuerungssystems.

Für die sensorbasierte Regelung der Roboterposition muss der Steuerrechner weiterhin in der Lage sein, Grafikdaten von externen Kameras zu erfassen und zu verarbeiten. Ein hochauflösendes Kamerabild bestehend aus Bilddaten von 640×512 Pixeln (und Bytes bei Graustufendarstellung von 8 bit) sollte vom Steuerrechner mindestens mit 5 Hz verarbeitet werden können. Damit benötigt der Steuerrechner eine Busbandbreite von mindestens 1,6 MByte/sec und bei einer (optimistischen) Schätzung von 200 Instruktionen für die Bearbeitung eines Pixels eine Rechenleistung von mindestens 328 MIPS bereitstellen können. Dieser Wert beinhaltet lediglich die Bereitstellung von Positionsdaten und noch keinerlei Planungs- oder Regelungsfunktionen, der Wert für das komplette Steuerungs- und Planungssystem sollte also mindestens um den Faktor 4 höher sein.

2.3 Zusammenfassung

Die großen Hemmnisse, die sich der automatisierten Mikromontage entgegenstellen, lassen sich mit einem systematischen Ansatz von der Planung über die Steuerung bis hin zur ausführenden Hardware in den Griff bekommen.

Die Vielzahl an Problemen bei der Handhabung kleinster Bauteile, die in Abschnitt 2.1 diskutiert worden sind, zeigt die Notwendigkeit eines durchgängigen Konzepts von der Planung bis zur Durchführung der Mikromontage. Daher sollen hier mögliche Lösungsansätze erarbeitet werden, die sich für einen systematischen Ansatz eignen.

---

[10]wobei jeweils zwei Kanäle durch das Negat eines anderen Kanals ersetzt werden können

Kapitel 3

Stand der Forschung

Nachdem in Kapitel 2 die Problematik der Mikromontage skizziert worden ist und die Anforderungen an ein System zur automatisierten Mikromontage aufgestellt wurden, soll im Folgenden der Stand der Forschung auf dem Gebiet der Planungs- und Steuerungssysteme für die Mikromontage untersucht werden. Dazu werden nach einem Überblick über die Mikrorobotik (in Abschnitt 3.1) zunächst die Bereiche der Robotersteuerungen (in Abschnitt 3.2), der Montageplanungssysteme (in Abschnitt 3.3) und der Mikromontage auf den Stand der Forschung untersucht und anhand der im letzten Kapitel aufgestellten Anforderungen bewertet. Auch die Übertragbarkeit „klassischer" Arbeiten in die Mikrorobotik wird hier jeweils untersucht.

Die Mikromontage (vgl. Def. 1, S. 8) als Teildisziplin der Mikrosystemtechnik[1] ist ein recht junges Forschungsgebiet. Historisch betrachtet hat es sich parallel zur Mikrosystemtechnik aus der Feinmontage, etwa bei der Uhrenherstellung und anderen mechanischen Systemen, sowie der Halbleiterherstellung entwickelt. Die Problematik der Mikromontage tritt jedoch ausschließlich bei der Mikrosystemtechnik auf, da sich die „Montageaufgaben" bei der Halbleiterherstellung auf das Anbringen von Golddrähten auf den Siliziumchip und die Befestigung des Chips auf einem Grundträger beschränken. Aus diesem Grund eignen sich die Bestückungsautomaten der Halbleiterherstellung meist nicht für komplexere Mikromontageaufgaben.

Die **robotergestützte** Mikromontage wird erst seit Mitte der 90er Jahre systematisch untersucht. Im Folgenden soll daher zunächst der Begriff „Mikroroboter" anhand der Anforderungen und möglicher, in der Literatur zu findender Klassifikationen näher erläutert werden. Anschließend soll der Stand der Forschung für Planungs- und Steuerungssysteme von Mikrorobotern beleuchtet werden.

---

[1] Mikromontageaufgaben stellen sich i.d.R. bei Komponenten hybrider Mikrosysteme, die typischerweise Abmessungen kleiner 1 mm und die in Definition 1 definierten Genauigkeitsanforderungen haben

3.1 Mikrorobotersysteme

Mikroroboter nach Definition 3 können in vielfältigen Anwendungsgebieten eingesetzt werden, beispielsweise:

- Mikromontage,
- Biologie (Genetik etc.),
- Chipherstellung (Waferprobing etc.),
- Messtechnik,
- Medizin (Mikrochirurgie etc.).

Die vorliegende Arbeit beschränkt sich auf die Betrachtung der Mikromontage. Die Mikromontage ist eines der zentralen Probleme in der Mikrosystemtechnik. Derzeit lassen sich zwar sehr kleine Komponenten herstellen, deren Integration und Montage zu einem funktionierenden System bereitet aber zum Teil große Probleme und wird häufig noch manuell durchgeführt. Andererseits besteht ein direkter Zusammenhang zwischen dem Grad der Automatisierung einer Mikromontageaufgabe und den möglichen Dimensionen des kompletten Mikrosystems; je kleiner ein System und damit seine zu montierenden Komponenten werden, um so schwieriger, zeitaufwändiger und teurer wird seine Herstellung.

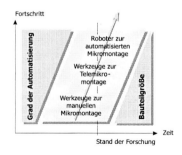

Abbildung 3.1: Zusammenhang zwischen Objektgröße und Automatisierung

3.1.1 Klassifikationen

Um den Stand der Forschung auf dem Bereich der Mikrorobotik betrachten zu können, ist es notwendig, sich zunächst einen Überblick über die verschiedenen Klassifikationssysteme für Mikroroboter zu verschaffen. In der Literatur finden sich die unterschiedlichsten Antworten auf die Frage: „Was ist ein Mikroroboter?".

Die Schwierigkeit der Begriffsfindung wird am Beispiel des „Nanoroboters" der ETH Zürich deutlich: Die Autoren [BS98] verstehen unter Nanorobotern Rasterkraftmikroskope als Werkzeuge im Nanometerbereich. Also sind hier „Nanoroboter" keine Roboter in der Größenordnung weniger Moleküle, sondern Geräte im Kubikmeterbereich, die Manipulationen mit Molekülen erlauben. Die folgende, in der Mikrosystemtechnik-Literatur häufig anzufindende Klassifikation definiert einen Nanoroboter dagegen völlig anders.

Klassifikation nach Größe

Ein Vorschlag zur Klassifikation von Robotern nach ihrer Größe findet sich in [FR97]. Dabei werden **Miniaturroboter**, die einige Kubikzentimeter groß sind, **Mikroroboter** mit Abmaßen im Kubikmikrometerbereich und **Nanomechanismen** unterhalb des Mikrometerbereichs unterschieden. Letztere sind noch weitestgehend Zukunftsmusik; einige visionäre Konzepte finden sich in [Dre92]. Nach oben wird diese Klassifikation mit den sog. *„meso-scale robots"* abgeschlossen, die Abmessungen im Dezimeter-Bereich aufweisen [GFGG97], [YNP+99].

Wendet man die Klassifikation nach Größe konsequent an, so existieren heute praktisch keine Mikroroboter, da kaum ein Robotersystem tatsächlich Abmessungen im Mikrometerbereich aufweist. Folgt man einer etwas weniger strikten Definition des Begriffs „Mikroroboter", etwa Definition 3, so ergibt sich die Notwendigkeit einer weiteren Klassifikation, da Roboter zur Manipulation von Objekten, deren Abmessungen einige Millimeter bis hin zu wenigen Mikrometern betragen, schon in größerer Zahl Stand der Technik sind.

Klassifikation nach Größe und Bewegungsbereich

Bei der aufgabenspezifischen Klassifikation betrachtet man dagegen das Verhältnis C zwischen den physikalischen Abmessungen des Roboters A und seinem erzielbaren Bewegungsbereich B, also $C = A/B$ [RFDM95]. In Abhängigkeit von C erhält man 3 Klassen von Mikrorobotern:

$C \gg 1$: Stationäre Mikroroboter, deren Abmessungen einige Kubikdezimeter betragen, aber sehr präzise Manipulationen im μm- oder sogar im nm-Bereich erlauben.

$C \ll 1$: Mobile Mikroroboter, die etwa als Transporteinheiten für Inspektions- oder Montageroboter dienen.

$C \approx 1$: Industrieroboter, die in der Lage sind, Mikromontageaufgaben durchzuführen.

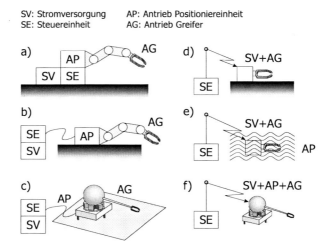

Abbildung 3.2: Klassifikation von Mikrorobotern nach Funktionseinheiten. Abbildung nach [FR97]

Klassifikation nach Funktionseinheiten

Folgt man der Definition 3, so lassen sich die derzeit existierenden Mikrorobotersysteme auch über ihre Funktionseinheiten klassifizieren (siehe [DVC+92]), Abbildung 3.2. Bei diesem Klassifikationsschema werden die Funktionseinheiten (Sensoren, Aktoren, Steuereinheit und Energiequellen) der Roboter betrachtet. In Abbildung 3.2 finden sich in der linken Spalte die über Kabel ferngesteuerten Roboter, die eine Steuereinheit und Energieversorgung außerhalb des Roboters aufweisen. Typ (a) entspricht einem miniaturisierten Industrieroboter, Typen (b) und (c) haben darüber hinaus miniaturisierte Antriebseinheiten direkt am Roboter. Der Robotertyp (c) ist zusätzlich mobil, was den Roboterarbeitsraum drastisch

3.1 MIKROROBOTERSYSTEME

vergrößert. Die rechte Spalte zeigt drahtlose Mikroroboter. Diese Klasse von Robotern ist derzeit Gegenstand der Forschung, da das Mitführen einer geeigneten Energieversorgung oder das drahtlose Übermitteln der benötigten Energie für die Roboterantriebe noch nicht zufriedenstellend gelöst ist.

Die nun folgenden Abschnitte sollen die zwei Grundtypen von Robotern anhand der eingeführten Klassifikationsschemata beleuchten und einen Überblick über die existierenden Mikrorobotersysteme geben. Dabei sollen im folgenden Kapitel stationäre Roboter und die mobilen Roboter in Kapitel 3.1.3 diskutiert werden.

3.1.2 Stationäre Roboter

Stationäre Roboter zur Handhabung von Mikroobjekten lassen sich in Linearachssysteme, Gelenkroboter und Kombinationen wie beispielsweise SCARA-Roboter und Parallelkinematiken unterteilen. Im Folgenden seien jeweils einige Vertreter dieser Robotersysteme mit deren Vor- und Nachteilen exemplarisch vorgestellt.

Abbildung 3.3: Linearachs-Mikroroboter der Firma SPI, Oppenheim, bestehend aus 2 Manipulatoren mit je 3 linearen Freiheitsgraden. Quelle: IPR, Universität Karlsruhe (TH)

Linearachssysteme

Lineare Mikropositioniereinheiten zeichnen sich durch hohe erzielbare Geschwindigkeiten und eine hohe Steifigkeit aus. In [vM94] wurde ein Montagesystem für Airbag-Sensoren vorgestellt, das auf dem linearen Mikropositionierer der Firma Sysmelec, Schweiz, beruht. Dieses System weist Wiederholgenauigkeiten von

±1 µm auf, eine maximale Geschwindigkeit von bis zu 80 cm/s und Beschleunigungen bis zu 15 m/s². Mit diesem Montagesystem lassen sich bis zu 520 Sensoren pro Stunde fertigen, das System ist allerdings für diesen speziellen Anwendungsfall entwickelt worden, was durch die hohen Stückzahlen bei Airbag-Sensoren gerechtfertigt ist, für kleinere Stückzahlen jedoch zu teuer ist.

Abbildung 3.3 zeigt einen Mikroroboter der Firma SPI, Oppenheim. Dieses Robotersystem lässt sich aus mehreren Linearachsen frei konfigurieren; die Wiederholgenauigkeiten reichen von ±3 µm bis zu 100 nm.

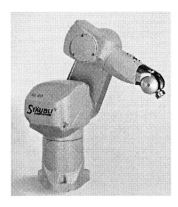

Abbildung 3.4: Gelenk-Roboter RX60 der Firma Stäubli. Mit freundlicher Genehmigung der Firma Stäubli Tec-Systems GmbH, Bayreuth

Gelenkroboter

Abbildung 3.4 zeigt einen sechsachsigen Gelenkroboter der Firma Stäubli mit einer Wiederholgenauigkeit von 20 µm, der auch in einer reinraumtauglichen Ausführung angeboten wird. Um am Endeffektor eine hohe Genauigkeit zu erreichen, müssen derartige Roboter eine besonders hohe Achssteifigkeit aufweisen. Bezüglich seiner Genauigkeit besser für die Mikromontage geeignet ist der sechsachsige Gelenk-Mikroroboter µ-KRoS 316 der Firma Jenoptik mit sphärischen Arbeitsraum von 1 m Durchmesser bei einer Wiederholgenauigkeit von 3 µm. An diesem Roboter wurden im Rahmen eines Forschungsprojektes verschiedene Handhabungstechniken erprobt [Fri95].

3.1 MIKROROBOTERSYSTEME 21

Abbildung 3.5: Mikroroboter mit Parallelkinematik: Micabo E, Parallelroboter für die Mikromontage mit drei Linearantrieben und einer zusätzlichen, pneumatisch betätigten z-Achse. Mit freundlicher Genehmigung des Instituts für Werkzeugmaschinen und Fertigungstechnik (IWF) der TU Braunschweig

Parallelkinematiken und SCARA-Roboter

In [HPT97], [HT97], Abb. 3.5, wird der Einsatz von Parallelkinematiken für die Mikromontage vorgestellt. Dieser Ansatz ist vielversprechend, da hierbei hohe Wiederholgenauigkeiten und Steifigkeiten erzielt werden können.

SCARA-Roboter für die Mikromontage werden unter anderem von der Firma Mitsubishi hergestellt [Mit00]. Der Roboter RP-1AH bietet 5 µm Wiederholgenauigkeit bei einem Arbeitsraum von 150 × 105mm^2 und einer Zykluszeit von nur 0,28 Sekunden.

Alle Mehrachssysteme für die Mikromontage haben mehrere Nachteile:

- Hoher Preis,

- Größe (man denke hier an die Integration eines Mikroskops zur Prozessbeobachtung oder den Einsatz in einem Rasterelektronenmikroskop),

- Hoher Aufwand beim Umrüsten auf eine andere Montageaufgabe.

Je nach Anwendung sind diese Nachteile hinnehmbar bzw. nicht zu umgehen (so lassen sich kurze Taktzeiten i.d.R. nur bei einem Montagesystem erzielen, das speziell für die Montageaufgabe entwickelt worden ist). Eine höhere Flexibilität bei geringeren Kosten findet man dagegen bei den *mobilen* Mikrorobotern, die im nächsten Abschnitt vorgestellt werden.

3.1.3 Mobile Roboter

Mobile Mikroroboter (vgl. Definition 4) zeichnen sich durch einen großen Arbeitsraum aus, der in der Regel leicht erweiterbar ist (etwa durch Vergrößern der Grundfläche, auf der der Roboter arbeitet bzw. durch Verlängern der Kabel). Die Wiederholgenauigkeit dieser Roboter kann durch interne oder externe Sensorik garantiert werden. Je nach Architektur lassen sich auf diese Weise die Roboter sehr klein und kompakt gestalten. Durch die geringen Abmessungen können derartige Roboter beispielsweise in einem Rasterelektronenmikroskop oder auch mehrere unter einem konventionellen Mikroskop eingesetzt werden, was die Prozessbeobachtung wesentlich vereinfacht. Der Einsatz mehrerer Roboter eröffnet Möglichkeiten, Mikroeffekte zu kompensieren (etwa durch den Einsatz einer „helfenden Hand": hierbei „assistiert" ein zweiter Mikroroboter beim Ablegen eines Mikroteils, indem er mit einer feinen Nadel[2] das Bauteil beim Abrücken des Greifers niederhält). Dadurch ist der Einsatz mobiler Mikroroboter vielversprechend; allerdings sind derzeit einige Probleme bei der Steuerung und Planung solcher Robotersysteme noch ungelöst. Zur Lösung dieser Probleme soll die vorliegende Arbeit einen Beitrag leisten.

Zunächst sollen verschiedene Antriebsprinzipien skizziert werden, die bei mobilen Mikrorobotern zum Einsatz kommen. Die Antriebe von Mikrorobotern verwenden häufig Komponenten und Prinzipien aus der Mikrosystemtechnik, insbesondere Direktantriebe, die hohe Genauigkeiten und Geschwindigkeiten bieten.

So verwendet das Mikropositioniersystem, das in [YH95] vorgestellt wird, Piezoaktoren, um ein auf der Massenträgheit basierendes Bewegungsprinzip zu realisieren (Abb. 3.6, links). Der sogenannte *Tiny Silent Linear Cybernetic Microactuator*, der am Kyushu Institute of Technology entwickelt wurde [IAK92], erweitert das Prinzip um Elektromagnete, die die Maximalgeschwindigkeit des Antriebsprinzips von 5 mm/s auf 35 mm/s erhöhen (Abb. 3.6, rechts).

An der Universität von Catania, Italien, wurde der sogenannte *Piezo Light Intelligent Flea* entwickelt (vgl. [AFM97]). Dieser „Piezo-Floh" mit Abmessungen von ca. 4 cm^2 wird mit Piezo-Biegewandlern angetrieben und kann Geschwindigkeiten von bis zu 18 cm/s erreichen. Die Piezo-Positioniereinheit verfügt über keine Endeffektoren, sondern über Infrarotsensoren und eine reaktive, selbstlernende Steuerung über *reinforcement learning*.

Die auf den Arbeiten [YH95] und [IAK92] basierende Abalone-Plattform ermöglicht die Positionierung in der Ebene mit zwei translatorischen und einem rotatorischen Freiheitsgrad durch einen holonomen Piezoantrieb.

Abbildung 3.7 zeigt den prinzipiellen Aufbau der *Micro-crawling machine* bzw. Abalone [CZBS95] / [ZBCS95].

---

[2]die Nadelspitze hat hierfür eine minimale Oberfläche, dadurch sind auch die störenden Oberflächenkräfte minimal

3.1 MIKROROBOTERSYSTEME

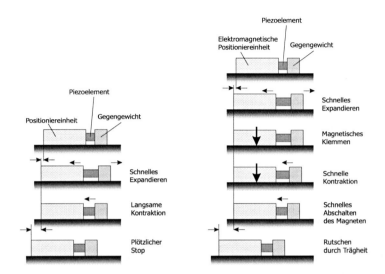

Abbildung 3.6: Mikropositioniersystem basierend auf der Massenträgheit (links) und der TSLC basierend auf Massenträgheit und elektromagnetischem Klemmen (rechts). Nach [YH95] und [IAK92].

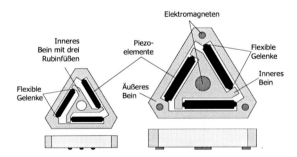

Abbildung 3.7: Prinzipskizze der Abalone-Plattform (links) bzw. der Micro Crawling Machine (rechts). Nach [CZBS95] und [ZBCS95]

Mobile Mikroroboter am Institut für Prozessrechentechnik, Automation und Robotik der Universität Karlsruhe

Die vorliegende Arbeit basiert auf den mobilen Mikrorobotern, die am Institut für Prozessrechentechnik, Automation und Robotik der Universität Karlsruhe (TH) entwickelt wurden. In [MFR94], [MFR95], [FMR95] und [MGMF96] wurde ein Antriebsprinzip vorgestellt, das auf röhrenförmigen Piezoaktoren beruht, die über eine 4-fach segmentierte Außenelektrode und eine innenliegende Gegenelektrode verfügen. Diese Aktoren dienen den Robotern als „Beine". Abbildung 3.8 zeigt ein Foto der verwendeten Beinchen; Abbildung 3.9 zeigt das Bewegungsprinzip der Roboter, das auch in [BPC96] zum Einsatz kommt. Der Roboter steht auf drei Piezobeinen, die sich in jede Richtung um ca. 3 µm biegen lassen. Wenn der Roboter um wenige Mikrometer bewegt (translatorisch oder rotatorisch) werden soll, so lässt sich das durch Biegen der entsprechenden Beine leicht erreichen. Sollen dagegen makroskopische Bewegungen (bzw. mehr als die 3 µm) [Gro95] durchgeführt werden, so kommt das in Abbildung 3.9 rechts dargestellte Prinzip zum Einsatz: die Beine werden maximal ausgelenkt und anschließend wird ein Piezoschritt durchgeführt. Dies kann entweder, wie in der Abbildung dargestellt, mit dem sogenannten *slip-stick* Prinzip, wie bei [YH95], mittels schnellem Umpositionieren der Beine, wobei die Roboterplattform durch die Massenträgheit durchrutscht, oder durch einen echten „Mikroschritt" geschehen. Dabei wird das Bein schnell angehoben, umpositioniert und wieder abgesenkt [Ric99].

Abbildung 3.8: Piezobeinchen

Abbildung 3.10 zeigt den prinzipiellen Aufbau der auf diesem Bewegungsprinzip arbeitenden Roboter. Die holonome Positioniereinheit bewegt den gesamten Roboter mit zwei translatorischen ($x - y$) und einem rotatorischen (θ) Freiheitsgrad über eine ebene Unterlage [FS99], [SSFM97]. Auf der Positioniereinheit ist eine Manipulationseinheit angebracht, die je nach Auslegung über unterschiedliche Freiheitsgrade verfügen kann. Im einfachsten Fall ist dies eine lineare Achse (z) oder – wie abgebildet – eine Kugel, an der der Greifer mit den Endeffektoren angebracht ist. In diesem Fall verfügt der Manipulator über drei weitere rotatorische Freiheitsgrade ($\phi - \theta - \psi$), von denen einer redundant mit der Positioniereinheit (θ) ist.

3.1 Mikrorobotersysteme

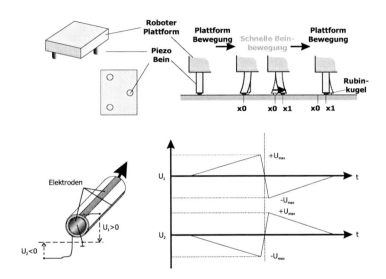

Abbildung 3.9: Prinzipskizze der Roboterplattform (oben links), Prinzip der Piezobeinchen (unten links), Bewegungsprinzip der mobilen Mikroroboter (rechts)

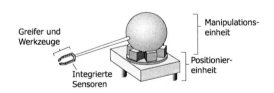

Abbildung 3.10: Prinzipskizze der mobilen Mikroroboter

Abbildung 3.11 zeigt zwei Prototypen von Mikrorobotern, die am Institut für Prozessrechentechnik, Automation und Robotik der Universität Karlsruhe (TH) während der Entstehung der vorliegenden Arbeit entwickelt wurden und die die Basis für diese Arbeit bilden. Rechts ist **Miniman** zu sehen, der für den Einsatz im Rasterelektronenmikroskop geeignet und mit einem Pinzettengreifer für Montageaufgaben ausgestattet ist. Links ist **RobotMan** abgebildet, der eine einfachere Manipulationseinheit hat (ein linearer z-Trieb), aber über eine eingebaute Mikroskopkamera und Kraftsensorik verfügt.

Abbildung 3.11: Mobile Mikroroboter der Universität Karlsruhe

3.2 Steuerungsansätze für Mikroroboter

Wie in Kapitel 2 gezeigt, sind die Anforderungen an eine Steuerung von Robotern für die Mikromontage hoch. Im Folgenden sollen bestehende Steuerungsansätze auf ihre Eignung hin untersucht werden.

3.2.1 Übertragbarkeit herkömmlicher Steuerungen

Bei der Klassifikation von Steuerungssystemen lassen sich hierarchische und verteilte Ansätze unterscheiden; diese Klassifikation kann man natürlich auch auf Mikrorobotersysteme übertragen. Verteilte Robotersteuerungssysteme wie beispielsweise [HR85],[Län97], zeichnen sich durch hohe Modularität, Flexibilität, Robustheit und Diagnostizierbarkeit im Fehlerfalle aus. Solche Systeme sind i.a. für die Steuerung von mehreren Robotern ausgelegt wie beispielsweise [SH93].

Derartige Ansätze erheben jedoch meist den Anspruch auf eine möglichst große Allgemeingültigkeit und sind somit den speziellen Anforderungen der Mikromontage nicht gewachsen, oder haben sehr hohe Hardwareanforderungen und ein schlechtes Echtzeitverhalten durch einen großen Kommunikationsaufwand. Zentrale Steuerungen von konventionellen Robotersystemen wie beispielsweise die Steuerung des Roboters KAMRO [RL93] weisen unzureichende Möglichkeiten zur Rekonfigurierung und keine Modularisierung durch Hierarchien auf.

In [PW96] und [WPK97] finden sich Ansätze auf einer höheren Steuerungsebene; hier werden verteilte Steuerungen auf Fabrikebene betrachtet, die aus verteilten Objekten bestehen, die über CORBA kommunizieren. Diese Ansätze sind jedoch aufgrund der fehlenden Echtzeitfähigkeit für den Einsatz in der Zell-Ebene ungeeignet.

3.2.2 Steuerungen von Mikrorobotersystemen

Ein hierarchischer Ansatz für die bildbasierte Handhabung einfacher Objekte im REM wird in [KMSS98] vorgestellt. Er weist Merkmale eines verteilten Systems auf, ohne dessen Nachteile zu übernehmen. Es ist allerdings auf den Anwendungsfall zugeschnitten, Objekte im REM zu handhaben und lässt sich nicht auf ein Mehrrobotersystem skalieren.

Die Arbeiten [AJ97] und [SBJ98] beinhalten beide ein Steuerungssystem basierend auf Bildverarbeitung eines Mikroskopbilds zur Positionierung der Mikroobjekte, [SBJ98] darüber hinaus auch Kraftsensorik. Beide Ansätze sehen jedoch keine Möglichkeit vor, ein Mehrrobotersystem zu steuern. In [MDM$^+$99] liegt der Schwerpunkt auf der Integration der Elektronik auf den Roboter, hier findet jedoch keine systematische Betrachtung der Belange der Mikromontage statt. Weiterhin ist die Ausstattung dieser Roboter mit Greifern auf Nadeln beschränkt, wodurch die Einsatzfähigkeit für Montagezwecke entfällt. [YGN01] beschreibt ein Steuerungssystem für ein Mikromanipulationssystem mit zwei stationären Robotern mit jeweils drei Freiheitsgraden, das sich auf ein Mehrroboter-Szenario jedoch nicht übertragen läßt.

In allgemeiner Ansatz zur Entwicklung und zum Test von verteilten Objektorientierten Echtzeitsystemen findet sich in [BGNP99]. Hier bleibt jedoch die Frage der dynamischen Objektkopplung (lose/eng) offen.

Tabelle 3.1 zeigt eine tabellarische Übersicht über die vorgestellten Steuerungsansätze. Dabei wird jeweils der Anzahl der im Steuerungssystem vorgesehenen Roboter (Ein- oder Mehrrobotersystem), Flexibilität (bzgl. Erweiterbarkeit und Rekonfigurierbarkeit), Allgemeingültigkeit des Ansatzes (auch bzgl. der Tauglichkeit für die Montage durch Unterstützung verschiedener Werkzeuge) und dem Echtzeitverhalten des Systems verglichen.

Arbeit	Roboter	Flexibilität	Allgemeingültigkeit	Echtzeitverhalten
[RL93]	1	–	o	–
[Län97]	$>1^3$	++	+	–
[PW96], [WPK97]	>1	+	+	– –
[BGNP99]	(>1)	++	$–^4$	+
[SH93]	>1	+	++	–
[KMSS98]	1	+	–	+
[AJ97]	1	o	o	+
[SBJ98]	1	o	o	+
[MDM$^+$99]	>1	o	o	+
[YGN01]	(2)	o	–	+

Tabelle 3.1: Bewertung und Klassifikation des Stands der Steuerungssysteme (von sehr gut (++) über (o) bis schlecht (– –)

Das in dieser Arbeit entwickelte Steuerungssystem baut auf der Arbeit [San98] auf, die dort vorgestellten Regelungskonzepte können übernommen und weiterverwendet werden. Für den Steuerrechner werden in Kapitel 4 zwei mögliche Architekturen entwickelt; eine davon ist eine Abwandlung des in [Fis00] vorgestellten hybriden Parallelrechners.

3.3 Planungssysteme

In Abschnitt 2.2.2 wurden die Anforderungen an einen Mikromontageplaner aufgezeigt. Bestehende Montageplaner sollen nun anhand dieser Anforderungen bewertet werden.

In [Wol89] wird ein monodirektionaler Planer (der XAP/1) beschrieben, der jedoch keinem der o. g. Punkte gerecht wird.

Der in [Fro88] vorgestellte Makro-Montageplaner erfüllt die Anforderungen bezüglich der Montageplanklasse, sieht allerdings kein Wiederaufsetzen des Planers im Fehlerfall vor und unterstützt die Sensoreinsatzplanung und Mehrrobotersysteme nur ansatzweise.

Ein flexibles, auf UND / ODER-Graphen (vgl. [HS90]) basierendes Montageplanungssystem wird in [HS91] vorgestellt. Auf dieser Repräsentationsform basiert auch [KS91]; hier werden die Untersuchungen bezüglich der geometrischen Durchführbarkeit von Montageoperationen weitergeführt. UND / ODER-Graphen eignen sich sehr gut zum Generieren und Bewerten der Montagepläne; daher werden sie auch in der vorliegenden Arbeit verwendet. Auch diese Systeme erfüllen die Anforderungen der Mikromontage nicht in allen Punkten.

---
[3]Multiagenten-Ansatz
[4]Objektkopplung offen

Ein Agenten-basierter Ansatz, der sogenannte Co-planner, der in [LS93] vorgestellt wurde, würde eine Neuplanung im Fehlerfall vereinfachen. Allerdings ist hier keine Möglichkeit der Sensoreinsatzplanung vorgesehen.

Ein Ansatz, der die Integration in die Mikrofertigungsprozesse in den Vordergrund stellt, ist [Hub97]. Hier finden sich schlüssige Konzepte zu den technologischen Problemen, jedoch keine Ansätze zum eigentlichen Montageproblem.

Einige Arbeiten versuchen, die Probleme der Mikrowelt durch nachgiebige Materialien und neuartige Steuerungsansätze zu bewältigen. So findet man in [CCA$^+$98] ein flexibles Handhabungssystem, das auf SMA-Aktoren beruht und durch eine Neuro-Bondgraph-Steuerung der Endeffektoren Mikroeffekte zu minimieren versucht. Das prinzipielle Problem der Indeterminismen und dem unumgänglichen Einsatz von Sensorik zur Überwachung der Handhabungsvorgänge lässt sich aber auf diesem Wege nicht lösen.

Tabelle 3.2 zeigt den Stand der Forschung bei den Montageplanungssystemen und ihre Bewertung bezüglich ihrer Eignung für die Mikromontage.

Arbeit	Mikro	Sensoreinsatz	monodirektional, nichtlinear	Neuplanung
[Wol89]	–	–	–	–
[Fro88]	–	o	+	–
[HS91]	–	o	+	–
[LS93]	–	–	+	o
[RGW98]	–	–	+	o
[Fat99]	(o)	+	+	(+)
[ZKK00]	+	–	+	–

Tabelle 3.2: Bewertung des Stands der Planungssysteme

Nur wenige Montageplaner existieren, die Probleme der Handhabung von Mikroteilen berücksichtigen. In [ZKK00] wird ein Mikromontageplaner vorgestellt, der jedoch die Planung des Sensoreinsatzes und einer möglichen Neuplanung im Fehlerfall nicht berücksichtigt. Die in diesem Ansatz vorgesehene Plandurchführung basiert auf Telemanipulation.

Die vorliegende Arbeit basiert auf den in [Fat99] vorgestellten Ergebnissen. Das Hauptaugenmerk der Weiterentwicklung dieser Konzepte im Rahmen der vorliegenden Arbeit liegt auf der Einbeziehung von Mikroeffekten, der Neuplanung im Fehlerfall sowie der durchgängigen Konzeption der Planung und Steuerung.

3.4 Schlussfolgerungen

Wie in diesem Kapitel gezeigt, bieten mobile Mikroroboter eine Vielzahl von Vorteilen gegenüber stationären Mehrachssystemen. Die Anforderungen, die ein

Mehrrobotersystem mit mobilen Mikrorobotern an das Steuerungssystem stellt, sind jedoch sehr hoch.

Zwar existiert eine Vielzahl von Robotersteuerungssystemen, aber kein Ansatz weist die nötige Flexibilität und hohe Echtzeitfähigkeit auf, die für die Steuerung eines Mehrroboter-Mikromontagesystems notwendig wäre.

Es fehlt ein übergreifender Ansatz zur Steuerung und Planung der Mikromontage, der speziell auf die hier anzutreffenden Besonderheiten zugeschnitten ist. So wären zwar einige der vorhandenen Montageplaner mit einigem Aufwand an die in der Mikrowelt veränderte Kostenfunktion anpassbar, es existiert jedoch kein System, das sowohl eine **Sensoreinsatzplanung** als auch eine **Neuplanung im Fehlerfall** beinhaltet, der bei einer Mikromontage durch prinzipbedingte Indeterminismen häufiger auftritt als in der Makrowelt. Gerade die Neuplanung im Fehlerfall erfordert eine engere Verzahnung von Steuerungssystem und Planungssystem, als dies in herkömmlichen Systemen der Fall ist.

Aus diesen Gründen soll die vorliegende Arbeit einen Beitrag leisten, mit einem übergreifenden Ansatz die Mikromontage von der Planung bis zur Steuerung und Durchführung kontrollierbar zu machen.

Kapitel 4

Systementwurf

In diesem Kapitel soll basierend auf den in Kapitel 2 gezeigten Anforderungen zunächst die Systemarchitektur für das Planungs- und Steuerungssystem entworfen werden. Anschließend werden zwei mögliche Hardwarearchitekturen entworfen, auf denen das Steuerungs- und Planungssystem implementiert wird und die im Rahmen dieser Arbeit als Validierung der Softwarekonzepte dienen sollen.

Anschließend wird in Kapitel 5 dieser Entwurf bezüglich des Steuerungssystems, in Kapitel 6 bezüglich des Planungssystems verfeinert.

Die Vielzahl an Problemen bei der Handhabung kleinster Bauteile und die Menge an verfügbaren Ansätzen zur Lösung von Teilproblemen, die im vorigen Kapitel diskutiert worden sind, zeigt die Notwendigkeit eines durchgängigen Konzepts von der Planung bis zur Durchführung der Mikromontage. Daher sollen hier mögliche Lösungsansätze erarbeitet werden, die sich für einen systematischen Ansatz eignen.

Abbildung 4.1: Die Mikromontagestation am IPR: Lichtmikroskop (links) und Rasterelektronenmikroskop (rechts)

4.1 Die Mikromontagestation

Die Grundlage für die Betrachtung der robotergestützten Mikromontage der vorliegenden Arbeit ist die am IPR entwickelte Mikromontagestation, [FSF+00b]. Basis dieser Station sind die in Kapitel 3.1.3 vorgestellten mobilen Mikroroboter, die je nach Anwendung unter einem konventionellen Mikroskop oder in der Vakuumkammer eines Rasterelektronenmikroskops arbeiten, Abb. 4.1. In der Mikromontagestation dient jeweils das Mikroskop als lokales Sensorsystem, das über das Mikroskopbild Informationen über die Greiferpositionen und die Lage der zu greifenden und zu montierenden Mikrobauteile liefert [FBS99], [FSF+00a]; ein ähnliches Verfahren findet sich in [AJ97] und [All97]. Um die Mobilität der Roboter ausnutzen zu können, ist ein zusätzliches globales Sensorsystem (bestehend aus CCD-Kameras) in der Lage, die Roboterpositionen auf der Arbeitsfläche zu bestimmen und den jeweils aktiven Roboter unter das Arbeitsfeld des Mikroskop zu führen.

4.2 Konzept des Steuerungssystems

In Kapitel 2.2.1 wurden die Anforderungen an ein Steuerungssystem für eine Mikromontagestation mit mehreren mobilen Mikrorobotern aufgezeigt. Im Einzelnen waren dies:

1. Ansteuerung der Roboteraktoren
2. Mehrroboterfähigkeit
3. Sensordatenverarbeitung
4. Hohe Echtzeitfähigkeit
5. Enge und lose Kopplungsmechanismen

Die Ansteuerung der Roboteraktoren (1) soll in Abschnitt 4.4 erörtert werden. Die Basis für die Erfüllung der Anforderung „Mehrroboterfähigkeit" (2) ist die Modularität des Steuerungssystems, die sich auch auf die Architektur des Rechnersystems auswirkt. Auch die Punkte Sensordatenverarbeitung (3) und Kopplungsmechanismen (5) legen eine starke Modularisierung der Robotersteuerung nahe, die aber auch dem Punkt „hohe Echtzeitfähigkeit" (4) genügen muss.

Das System, das in [Sey96b] und [Sey96a] entwickelt wurde, genügt lediglich Punkt 1 und bedingt Punkt 3.

4.2 KONZEPT DES STEUERUNGSSYSTEMS

Um die Echtzeitfähigkeit des Steuerungssystems trotz der Forderung nach starker Modularisierung und Skalierungsfähigkeit zu gewährleisten, soll im Rahmen der vorliegenden Arbeit weder ein zentraler Steuerungsansatz (der sich aufgrund der fehlenden Skalierungsmöglichkeiten verbietet) noch eine agentenbasierte Steuerung (die hartes Echtzeitverhalten und eine Überwachung des Montageprozesses erschwert) verwendet werden. Statt dessen soll ein hierarchischer Ansatz realisiert werden, bei dem eine zentrale Kontrollinstanz eine Menge von verteilten Objekten überwacht und steuert (vgl. hierzu auch [LSR97]). Um ein möglichst gut skalierendes System zu erhalten, soll dabei eine direkte Abbildung der in der Station vorhandenen physikalischen Komponenten auf logische Programmobjekte durchgeführt werden.

Um den Anforderungen an die Rechenleistung gerecht zu werden, müssen die Programmobjekte des Steuerungssystems in der Lage sein, auf mehreren Rechnern verteilt ausgeführt zu werden. Eine solche verteilte Ausführung von Programmobjekten legt den Einsatz eines Middleware-Systems wie etwa CORBA nahe, das allerdings um Mechanismen der engen und losen Objektkopplung erweitert werden muss und die Einhaltung von Echtzeitbedingungen garantieren sollte. Diese Mechanismen sollen in Kapitel 5 näher betrachtet werden.

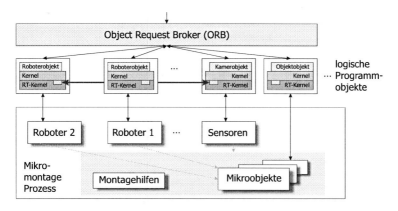

Abbildung 4.2: Systemarchitektur des Steuerungssystems

Abbildung 4.2 zeigt die resultierende Architektur dieses Steuerungssystems und die Abbildung von physikalischen Stationskomponenten auf logische Programmobjekte.

4.3 Konzept des Planungssystems

Die Notwendigkeit eines speziell auf die Belange der Mikromontage zugeschnittenen Planungssystems ergibt sich aus den Gegebenheiten in der Mikrowelt. Allerdings löst die ausschließliche Betrachtung der Planung die Problematik der Mikromontage nicht. So kann eine für die Mikrowelt optimierte Montagefolge zwar einige Mikroeffekte unterdrücken, wenn diese aber ohne Sensorüberwachung durchgeführt werden, ist die korrekte Durchführung der einzelnen Montageschritte keineswegs sichergestellt. Auch die Durchführung der fundamentalen Montageschritte, der sogenannten Montageprimitive, muss an die Gegebenheiten der Mikrowelt angepasst werden. Hierzu sollen in Abschnitt 4.8 spezielle Mikromontageprimitive eingeführt werden. Entsprechend muss auch bei der Konzeption des Planungssystems besonderes Augenmerk auf die gemeinsame Betrachtung von Steuerung und Planung für die Mikromontage gelegt werden.

Ein Planungssystem für die Mikromontage erstellt aus einem geometrischen Produktmodell zunächst einen Montageplan, der im zweiten Schritt dann auf die zur Verfügung stehenden Roboter gemäß deren Verfügbarkeit und Fähigkeiten zur Durchführung der Manipulationen aufgeteilt wird. Bei der Erstellung des Montageplans berücksichtigt der Planer die folgenden Punkte:

- **Geometrische Durchführbarkeit** der Operationen:
  - *Separationsfreiheit* jedes Teils und jeder Baugruppe während und nach der Montageoperation
  - *Manipulationsfreiheit* der gegriffenen Teilbaugruppe (diese Formalismen werden in Abschnitt 6.2.1 eingeführt).

- **Kontrollierbarkeit** der Operationen

- **Optimalität** des Montageplans bezüglich

  1. *Minimierung der Mikroeffekte*
  2. *Roboterbewegungsaufwand*[1]
  3. *Schwierigkeitsgrad der Verbindung*
  4. *Freiheitsgrade der gefügten Teile*
  5. *Anzahl der benötigten Roboter*

---

[1] Dies beinhaltet auch Greiferwechsel, da hier davon ausgegangen wird, dass pro Roboter lediglich ein (fest am Roboter angebrachter) Greifer zur Verfügung steht. Werden andere Greifer benötigt, so werden entsprechend mehr Roboter eingesetzt, da der Aufwand einer Greiferwechseloperation für Mikroroboter unverhältnismäßig hoch ist.

4.3 KONZEPT DES PLANUNGSSYSTEMS

Eine sehr wichtige Eigenschaft für einen Mikromontageplaner ist die Möglichkeit der Neuplanung im Fehlerfall. Da die Mikromontage prinzipbedingt mit großen Unsicherheiten behaftet ist, ist das Eintreten einer Fehlersituation während der Montage recht wahrscheinlich. Dies kann ein defekter Roboter, ein verbogener Greifer, das Misslingen einer Greif-, Füge- oder Ablegoperation sein. In diesem Fall muss das Montageplanungssystem in der Lage sein, mit dem neuen Systemzustand eine Neuplanung durchzuführen. Bei der automatisierten Montage wird dies von der ausführenden Instanz des Systems angestoßen, die dann auch den geänderten Montageplan weiter ausführt.

Eine weitere Komponente eines Mikromontage-Planungssystems ist eine Robotersteuerungssprache (engl. Robot Control Language, kurz RCL). Diese sollte eine Interpretersprache sein, um möglichst kurze Wartezeiten zwischen einer eventuellen Umplanung und der Ausführung zu erreichen[2]. Auch für die direkte Interaktion zwischen dem Benutzer und dem Robotersystem ist eine Interpretersprache wünschenswert. Wenn eine solche Programmiersprache Befehle einer mittleren Abstraktionsebene zur Verfügung stellt, beispielsweise

```
move(robot1, x1, y1),
```

was den Roboter `robot1` sensorisch geregelt auf die Position (`x1, y1`) bewegt, so stellt die langsamere Abarbeitung eines Interpreters auch kein Problem dar, da die Ausführung von Funktionen wie beispielsweise Trajektorienberechnung, Interpolation und Regelung fest codiert als Systemroutinen erfolgen kann. Um das Potenzial einer Montagebeschleunigung bei gleichzeitiger guter Überwachbarkeit und Prozessführung zu gewährleisten, ist ein automatisch parallelisierender Interpreter wünschenswert, der selbständig Abhängigkeiten im RCL-Programm erkennt und gleichzeitig durchführbare Operationen parallel anstößt.

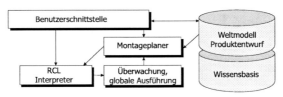

Abbildung 4.3: Systemarchitektur des Planungssystems

Abbildung 4.3 zeigt die Architektur eines solchen Mikromontage-Planungssystems, das im Rahmen dieser Arbeit realisiert werden soll (Kapitel 6).

---

[2] wie sie bei einer Neu-Compilierung auftreten würden

4.4 Steuerrechner

Die nächste entscheidende Komponente für den Mikromontageprozess ist der Steuerrechner. In diesem Abschnitt sollen basierend auf den Anforderungen aus Abschnitt 2.2.3 zwei Systeme vorgestellt werden, die als Planungs- und Steuerungsrechner für die Mikromontagestation geeignet sind. Die in dieser Arbeit entwickelten Verfahren wurden auf beiden Systemen getestet, um ihre leichte Übertragbarkeit unter Beweis zu stellen.

4.4.1 Hybrides Parallelrechnersystem

Basierend auf den Spezifikationen aus Prozesssicht ist die wichtigste Kenngröße für den Steuerrechner neben der Verarbeitungsleistung die E/A-Leistung. Um die geforderten E/A-Werte erreichen zu können, sind zwei Typen von Prozessoren die geeignetsten: Mikrocontroller und digitale Signalprozessoren (DSP). Thema dieses Abschnitts soll eine Architektur basierend auf Mikrocontrollern sein; im folgenden Abschnitt soll ein Ansatz auf DSP-Basis entwickelt werden.

Der Ausgangspunkt der vorliegenden Arbeit bezüglich des Rechnersystems ist in [Sey96b] und [Sey96a] beschrieben. Dieses Steuerungssystem ist ein hierarchisches System, bei dem ein Steuerrechner Bewegungskommandos an ein Mikrocontrollersystem weiterreicht [Mag96], welches die Ansteuerspannungen für die Piezoaktoren erzeugt.

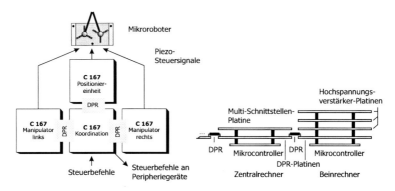

Abbildung 4.4: Schema des Steuerrechners zur Ansteuerung eines Mikroroboters (links) und Aufbau der einzelnen Rechnereinheiten (rechts) nach [Sey96a] und [Mag96]

4.4 STEUERRECHNER

Analysiert man die Kenngrößen und Struktur des bestehenden Systems (vgl. Abb. 4.4), so wird deutlich, dass die Ausbaufähigkeit dieses Rechners stark begrenzt ist, zum einen durch die Anordnung der Kommunikationsbauelemente (den Dual ported RAMs, DPR), die Kommunikation nur in vier Richtungen erlauben, und zum anderen durch die Festlegung auf einen einzelnen Rechnertyp im Parallelrechner. So ist dieses System zwar für die Ansteuerung eines einzelnen Roboters geeignet, nicht aber für den Einsatz mehrerer Mikroroboter. Dennoch eignen sich die Mikrocontrollermodule sehr gut zur Generierung der Ansteuerspannungen der Roboter, da der Mikrocontrollertyp C167 von Siemens über 16 A/D-Kanäle mit 10 bit Auflösung, eine 4-Kanal Pulsweitenmodulationseinheit, mehrere Timer und bis zu 111 digitale Ein- und Ausgänge verfügt.

Um einen Steuerrechner mit ausreichender E/A-Leistung, besserer Skalierbarkeit und entsprechender Rechenleistung für den Mehrroboterbetrieb zu erhalten, muss die Topologie des Parallelrechners angepasst und ein weiterer Rechnertyp vorgesehen werden.

Um die Gesamtbaugröße des Parallelrechners klein zu halten, wurde im Rahmen dieser Arbeit für den zweiten Rechnertyp der Industriestandard PC104 untersucht, mit dem sich ein einzelner Intel-Rechner auf einer Grundfläche von $10 \times 10\,cm^2$ in den Parallelrechner integrieren lässt. Der PC104 Standard sieht sowohl die Anbindung über den ISA-Bus als auch über einen Kompakt-PCI-Bus vor. Für die Kommunikation zwischen zwei Rechnerknoten wurde für die vorliegende Arbeit (vgl. [Fis00]) eine Schnittstelle zum ISA-Bus entwickelt, dessen Bandbreite für den Austausch von Steuerdaten in Echtzeit ausreichend ist.

Damit steht ein Steuerrechner in Form eines hybriden Parallelrechners zur Verfügung, der einerseits über eine hohe E/A-Leistung verfügt, aber auch über eine hohe Gesamtrechenleistung und leichtere Software-Erstellung und -wartung[3] durch den Einsatz der PC-Module.

Abbildung 4.5 zeigt zwei Rechnerplatinen, wie sie für den Steuerrechner entwickelt wurden. Auch die Kommunikationsplatinen sind hier zu sehen, die einen Punkt-zu-Punkt-Kommunikationskanal über 16 Bit breite Dual-ported RAM-Bausteine (DPR) zur Verfügung stellen.

Kommunikation im hybriden Steuerrechner

Um Rechnerknoten verschiedener Typen in einem Parallelrechner zu verbinden, eignen sich Dual Ported RAM, also Speicher mit wahlfreiem Zugriff, auf den von zwei Seiten gleichberechtigt zugegriffen werden kann. Diese Verbindungsart ist im vorliegenden Fall am besten geeignet, da hauptsächlich Nachrichten von den

---

[3]die bei Mikrocontroller-Systemen durch die notwendige Cross-Compilierung und Remote-Debugging – auch bei modernen Entwicklungsumgebungen – zwangsläufig aufwendiger ist als bei Programmierung auf dem Zielsystem

38 SYSTEMENTWURF

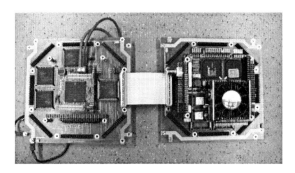

Abbildung 4.5: Ein Mikrocontroller-Rechnermodul (links) und ein Pentium Modul nach dem PC104-Standard (rechts), verbunden mit zwei DPR-Platinen

höheren Steuerungsrechnern an die unteren Ebenen durchgereicht werden müssen, so dass ein Speichernetzwerk keine nennenswerte Vorteile bringen, jedoch die Komplexität stark erhöhen würde.

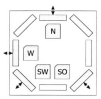

Abbildung 4.6: Die Kommunikationsplatine

Abbildung 4.6 zeigt die Topologie der hier entwickelten Kommunikationsplatine (vgl. [Ric99] und [Fis00]). Über diese Platine kann das zugehörige Rechnermodul mit acht benachbarten Rechnermodulen kommunizieren. Für eine DPR-Kommunikation zwischen zwei Rechnermodulen ist jeweils ein DPR-Baustein erforderlich. Durch die in Abbildung 4.6 gezeigte Anordnung ist sichergestellt, dass sich in jeder der acht möglichen Richtungen entweder auf der dem Modul zugehörigen Platine oder auf der Platine des Kommunikationspartners ein DPR-Baustein befindet[4].

---

[4]DPR-Verbindungen mit „nicht kanonischen" Anschlüssen der Gegenseite, z.B. N mit W, sind zu vermeiden, um nicht ein DPR mit einem DPR zu verdrahten

4.4 STEUERRECHNER

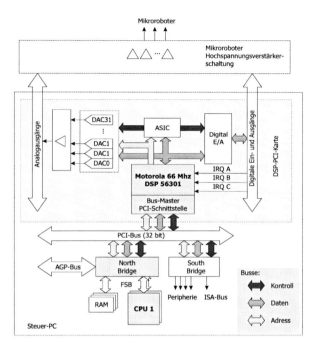

Abbildung 4.7: Ein Steuerungsrechner auf Basis eines PCs mit einer DSP-Karte. Nach [UEI02]

4.4.2 PC-basierter Steuerrechner

Die zweite Möglichkeit, die erforderliche E/A-Leistung zu erreichen, ist der Einsatz von digitalen Signalprozessoren. Solche Systeme sind als PCI-Karten für herkömmliche PCs erhältlich und verfügen je nach Typ über unterschiedliche E/A-Leistungen und Ports. So bietet beispielsweise die Karte PD2-AO-32-16 der Firma United Electronic Industries 32 analoge Ausgänge, je 8 digitale Ein- und Ausgänge, mehrere Timer und umfangreiche Programmiermöglichkeiten. Kernstück der Karte ist der Motorola DSP 56301, der die Generierung der Analogsignale völlig unabhängig von der zentralen CPU des Steuerungs-PCs übernehmen kann. Der Einsatz eines PCs mit einer solchen Karte als Steuerrechner bietet mehrere Vorteile:

- Die E/A-Leistung wird ausschließlich vom DSP erbracht; die zentrale CPU ist somit frei für Planungs-, Steuerungs- und Bilderkennungsaufgaben.

- Die PCI-Karte ist busmasterfähig; das heißt, sie kann ohne CPU-Last Sensordaten in den Hauptspeicher schreiben oder Bewegungskommandos auslesen.

- Über den PCI-Bus lassen sich auch Unterbrechungen auslösen, wenn entsprechende Signalwerte an den Eingängen der DSP-Karte anliegen.

Abbildung 4.7 zeigt schematisch das Zusammenspiel der DSP-Karte mit dem Steuerrechner.

Diese beiden möglichen Steuerrechner für die Mikromontagestation, der **hybride Parallelrechner** und die **PC/DSP-Lösung** stellen die Hardwareplattformen für die Steuerungs- und Planungssoftware dar. Das Softwaresystem soll so modular aufgebaut werden, dass es an beide Architekturen angepasst werden kann.

4.5 Durchführung der Montage

Nachdem in den vorangegangenen Abschnitten die Systemarchitektur entworfen wurde, soll nun erstmals eine Analyse von Montageprimitiven bezüglich ihrer Eignung für die Mikromontage durchgeführt werden, die dann vom System als Basis für komplexere Montagefolgen verwendet werden können. Diese Montageprimitive bilden als Anweisungen für die Durchführung der Montage die Grundlage für das Steuerungs- (das sie ausführt) und das Planungssystem (das sie als „Bausteine" für die Montagefolgen voraussetzt) und sollen daher an dieser Stelle betrachtet werden, bevor das Steuerungs- und Planungssystem in den nächsten beiden Kapiteln beschrieben wird. In Abschnitt 2.1.1 wurde gezeigt, dass der Einsatz spezieller Greifer die Skalierungseffekte zwar lindern kann, die automatisierte Mikromontage jedoch darüber hinausgehende Maßnahmen erfordert, die bereits etwa bei der Durchführung dieser Montageprimitive ansetzen können.

4.5.1 Angepasste Mikromontageprimitive

Die in der Makromontage übliche Zerlegung der Montageabläufe in sogenannte Montageprimitive soll nun auf die Mikromontage übertragen werden. Dabei müssen jedoch die Montageprimitive untersucht werden, die zum Einsatz kommen sollen.

Abbildung 4.8 zeigt eine Übersicht über die Menge der möglichen Montageprimitive (MP) wie sie bei Makromontagen auftreten. Ausgehend von dieser

4.5 DURCHFÜHRUNG DER MONTAGE

Übersicht stellt sich die Frage, inwiefern sich diese Montageereignisse in die Mikrowelt übertragen lassen. Dazu sei hier zunächst für die Durchführbarkeit einer Montagefolge bezüglich der bei ihr auftretenden störenden Mikroeffekte definiert:

Definition 5 (Skalierungsinvarianz) *Ein Montageprimitiv* $M \in MP$ *ist skalierungsinvariant, wenn es bei proportionaler Verkleinerung aller beteiligter Komponenten (Bauteile, Roboter, Greifer, Montagehilfen) unverändert durchgeführt werden kann.*

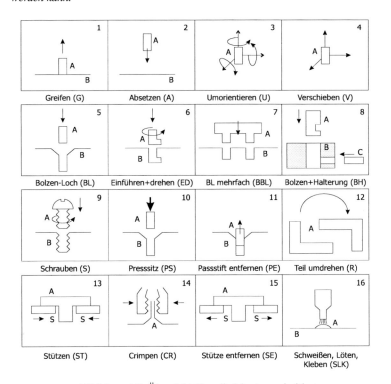

Abbildung 4.8: Übersicht über die Montageprimitive

Bei der Klassifikation der Montageprimitive gemäß dieser Definition ergibt sich zunächst folgendes Korollar:

Korollar 4.1 *Treten bei einem Mikromontageprimitiv keine Änderungen der Kontaktzustände zwischen allen beteiligten Komponenten auf, so ist das Montageprimitiv skalierungsinvariant.*

Dies wird an den Montageprimitiven 3 und 4 (Translation und Rotation eines bereits gegriffenen Teils) deutlich: Wenn ein Mikroteil bereits gegriffen ist, so ist die Bewegung des Bauteils (ohne Ablegen) problemlos möglich[5].

Die anderen Montageprimitive lassen sich im Allgemeinen nicht in die Klasse der skalierungsinvarianten Primitive eingliedern. Bei praktisch auftretenden Montagefolgen ist daher die folgende Klasse von Bedeutung:

Definition 6 (partielle Skalierungsinvarianz) *Ein Montageprimitiv* $M \in MP$ *ist partiell skalierungsinvariant, wenn es bei proportionaler Verkleinerung* **einiger** *beteiligter Komponenten (Bauteile, Roboter, Greifer, Montagehilfen) unverändert durchgeführt werden kann.*

Eine nicht verkleinerte Komponente bedeutet dabei, dass diese so dimensioniert ist, dass für sie die bei der Montage auftretenden Oberflächenkräfte von der Gravitation dominiert werden[6]. Trivialerweise sind alle (echt) skalierungsinvarianten Montageprimitive partiell skalierungsinvariant.

Analysiert man die verbleibenden skalierungsvarianten Montageprimitive, so wird klar, dass die meisten partiell skalierungsinvariant sind, wenn man die Montage auf einer makroskopischen Teilbaugruppe bzw. einer festen Montagehilfe durchführt. So lässt sich beispielsweise das einfache Ablegen (A) leicht auf einem bei der Mikromontage häufig anzutreffenden Blue Tape durchführen, das fest mit dem Untergrund verbunden ist. Blue Tape weist an der Oberfläche eine erhöhte Adhäsion auf, so dass das Liegenbleiben des Bauteils beim Abrücken des Greifers gewährleistet ist. Die Bolzen-Loch-Folge lässt sich für eine makroskopische Teilbaugruppe B so abändern, dass Oberflächenkräfte keine dominierende Rolle mehr spielen. Abbildung 4.9 zeigt einen möglichen Ablauf der Bolzen-Loch-Fügeoperation, bei dem der Greifer in Schritt 3 seitlich vom gefügten Bolzen abrückt, um ein unbeabsichtigtes Herausziehen zu verhindern, das beim Abrücken nach oben (was der herkömmlichen Vorgehensweise bei der Makromontage entspricht) nicht ausgeschlossen werden kann. Wenn jedoch die Baugruppe, in die der Bolzen gefügt wird, groß genug ist, dass für sie die Oberflächenkräfte irrelevant sind, so kann dieses Montageprimitiv bei dieser Durchführung als sicher gelten.

Diese Betrachtungen führen zur Definition 7.

---

[5]abgesehen von den erhöhten Anforderungen an die Robotersensorik, die aber durch die entsprechende Skalierung des handhabenden Systems als gegeben vorausgesetzt werden kann

[6]umgangssprachlich ausgedrückt: eines der Teile ist so schwer, dass es bei der Handhabung nicht kleben bleibt oder wegspringt

4.5 Durchführung der Montage

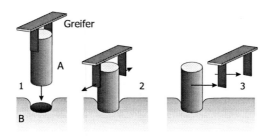

Abbildung 4.9: Angepasster Ablauf der Bolzen-Loch-Operation

Definition 7 (Mikromontageprimitiv) *Ein Mikromontageprimitiv* $M \in MP$ *ist ein (partiell) skalierungsinvariantes Montageprimitiv mit zusätzlichen Vor- und Nachbedingungen* (V, N) *und einer Durchführungsvorschrift* D, *welche sicherstellen, dass das Montageprimitiv sicher durchgeführt werden kann.*

Die Menge MMP *ist die Menge aller Mikromontageprimitive. Für ein Montageprimitiv* $X \in MP$ *bezeichne* X^μ *das zugehörige Mikromontageprimitiv* $X \mid (V, N, D)$.

Montageprimitive, die **echt** skalierungsinvariant sind, sind per definitionem Mikromontageprimitive, man setze hier $V = N = D = \emptyset$.

Tabelle 4.1 zeigt die Eigenschaften der in Abbildung 4.8 gezeigten Montageprimitive.

echt skalierungsinvariant	partiell skalierungsinvariant	skalierungsvariant
U, V	G, A, BL, ED, BBL, BH, S, PS, PE, CR	R, ST, SE, SLK

Tabelle 4.1: Eigenschaften der Montageprimitive

Zur Überführung in Mikromontageprimitive muss die Vorbedingung für alle Montageprimitive der Klasse „partiell skalierungsinvariant" lauten:

- eine sensorische Prozessüberwachung muss gewährleistet sein und

- die Basis-Teilmontage B muss hinreichend groß dimensioniert sein, um die Oberflächenkräfte relativ zur Gravitation möglichst klein zu halten.

Gegebenenfalls muss für die zweite Bedingung der Einsatz einer geeigneten Montagehilfe vorgesehen werden. Bei Fügeoperationen ohne Befestigung des gefügten Teils (wie bei „Einführen und Drehen" oder „Schrauben") muss zusätzlich die Durchführungsvorschrift D den in Abbildung 4.9 dargestellten Ablauf garantieren.

Betrachtet man die Klasse der skalierungsvarianten Montageprimitive, so zeigt sich, dass das Fehlen von äquivalenten Mikromontageprimitiven für diese Montageoperationen mit Mikroteilen nicht schwer wiegt:

- Die Operation R (Umdrehen eines Teils) lässt sich auf die Operationsfolge $G^\mu - U - A^\mu$ (Greifen, Umorientieren und Absetzen) zurückführen.

- Die Operationen ST und SE (Stützen und Stütze entfernen) lassen sich leicht durch die Operationen A^μ oder BL^μ bzw. G^μ ersetzen, wobei als Basis eine geeignete Montagehilfe zum Einsatz kommt.

- Die Operation SLK muss technologisch stark an die Gegebenheiten der Mikrowelt angepasst werden. So ist beim Aufbringen von Klebstoff neben dem Dosierungsproblem (i.a. im Bereich von wenigen Picolitern) auch die Wahl des Klebstoffes sehr stark vom zu montierenden Mikrosystem abhängig. Daher sei für Montageaufgaben aus diesem Bereich ein neues, mikromontagespezifisches Primitiv namens μSLK eingeführt. Die abweichende Nomenklatur weist hier auf die starken Unterschiede hin.

Angepasste Montagefolgen für die Mikromontage

Wenn ein Mikromontagesystem die im vorherigen Abschnitt dargestellten Mikromontageprimitive verwendet, um Mikrosysteme zu montieren, so gewährleistet dies lokal die korrekte Durchführbarkeit der Montageschritte. Laut Definition 7 ist der Einsatz eines Mikromontageprimitivs im Allgemeinen mit Vor- und Nachbedingungen verbunden, beispielsweise der sensorischen Überwachung eines Montageschritts oder der Bedingung, dass die Teilbaugruppe, auf die montiert wird, hinreichend groß ist. Diese Bedingungen haben zur Folge, dass die rein lokale Betrachtung der Montageprimitive nicht ausreicht, um eine Mikromontage durchführen zu können. Betrachtet man eine gegebene Montageaufgabe, so ergeben sich zu fast jedem Zeitpunkt mehrere Möglichkeiten der Montagereihenfolge. Die Aufgabe eines Mikromontage-Planungssystems ist also daher um eine Bedingung erweitert, die in der herkömmlichen Montageplanung nicht vorkommt: die Optimierung bezüglich der Durchführbarkeit der Mikromontageprimitive. Dies muss Priorität gegenüber der Optimierung bezüglich Robotereinsatz und anderen Kostenfunktionen haben.

Unter Berücksichtigung dieser Gegebenheiten überführt somit ein Mikromontageplaner einen Montageplan P in eine Montagefolge F mit

$$F = M_1, M_2, M_3, \ldots, M_n \text{ und}$$

$$M_i \in \text{MMP } \forall i \in \{1, \ldots, n\}.$$

4.6 Zusammenfassung

In diesem Kapitel wurde eine systematische Betrachtung der Mikromontage von „unten nach oben" durchgeführt, also vom Mikromontageprozess über die Hardware des Steuerrechners, das Steuerungssystem bis zur Planung der Montage. Dabei wurden zunächst die Möglichkeiten aufgezeigt, bei gegebener Montageaufgabe und gegebenen Greifern die Montageprimitive an die Besonderheiten der Mikromontage anzupassen. Dazu wurde eine Klassifikation der Montageprimitive vorgenommen, um die übertragbaren Primitive zu identifizieren.

Weil die für die Mikromontage angepassten Montageprimitive Einschränkungen unterliegen, die Auswirkungen auf vorhergehende und nachfolgende Operationen haben, genügt die lokale Betrachtung der Montageprimitive nicht. Es müssen auch angepasste Montagefolgen für die Mikromontage zum Einsatz kommen.

Das dieser Arbeit zugrunde liegende Montagesystem wurde in Kapitel 4.1 vorgestellt. Auf diese Station zugeschnitten wurde weiterhin in Kapitel 4.4.1 ein modularer, hybrider und skalierbarer Parallelrechner entwickelt.

Die Architektur eines Steuerungssystems und eines Planungssystems für die Mikromontage, wie sie in Abbildung 4.10 dargestellt ist, schlägt die Brücke zu den nun folgenden Kapiteln, in denen diese Systeme im Detail entwickelt werden sollen.

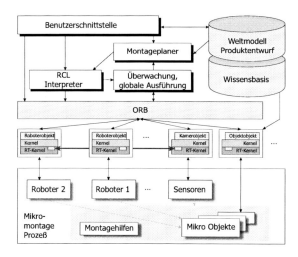

Abbildung 4.10: Systemarchitektur des Planungs- und Steuerungssystems

Kapitel 5

Entwicklung des Mikromontage-Steuerungssystems

Um ein Robotersystem wie das in Kapitel 4, Abbildung 2.7 (S. 11), gezeigte steuern zu können, ist ein sehr flexibles, modulares und hoch leistungsfähiges Steuerungssystem erforderlich.

In der Station können zum einen verschiedene **lokale Sensorsysteme** (optisches Mikroskop, Rasterelektronenmikroskop, miniaturisierte Mikroskopkameras) und unterschiedliche **globale Sensorsysteme** und zum anderen diverse Robotertypen (z. B. Miniman III, Miniman IV, RobotMan) eingesetzt werden, die jeweils mit unterschiedlichen Greifertypen ausgestattet sein können.

Die Anforderungen an das Steuerungssystem für ein flexibles Mehrrobotersystem sind die folgenden: Es muss

- leicht erweiterbar sein,

- die Möglichkeit aufweisen, auf einem verteilten Rechnersystem (ggf. heterogen) zu laufen,

- durch leistungsfähige Basisklassen einfach auf geänderte Systemkomponenten anpassbar sein sowie

- echtzeitfähig sein (vgl. hierzu auch [Sey99]).

Bezüglich der Echtzeitanforderungen des Steuerungssystems gelten unterschiedliche Anforderungen. Die Anforderungen reichen von sehr hohen bis zu niedrigen Echtzeitanforderungen in unterschiedlichen Teilen des Steuerungssystems. Im nächsten Abschnitt soll eine entsprechende Struktur für das Steuerungssystem entwickelt werden, die diesen Unterschieden Rechnung trägt. Die Subsysteme der Steuerung mit den jeweiligen Echtzeitanforderungen sind in der folgenden Tabelle angegeben:

Ebene	Teil der Steuerung	Echtzeitanforderung
3	Ansteuerung der Piezoaktoren	sehr hoch (ausführend)
2	Steuerung der Roboter, Regelung	hoch (reaktiv)
1	Steuerung der gesamten Station	gering (koordinierend und planend)
Planung		sehr gering (planend)

Tabelle 5.1: Echtzeit-Anforderungen der Steuerung

5.1 Entwurf des Steuerungssystems

5.1.1 Auswahl des Betriebssystems

Um ein hartes Echtzeitverhalten des gesamten Steuerungssystems sicherstellen zu können, muss bereits zu einem frühen Zeitpunkt des Softwareentwurfs die Echtzeitfähigkeit der einzelnen Komponenten und Objekte berücksichtigt werden.

Für die Implementierung und den Betrieb der Steueralgorithmen, die die Aktoren ansteuern, ist kein Betriebssystem notwendig. Hier sind keine Interaktionen mit dem Benutzer, Netzwerkzugriff oder Taskwechsel erforderlich [FS97][1].

Auf der Steuerungsebene muss jedoch ein geeignetes Betriebssystem bereitgestellt werden, um die Kommunikation und Koordination der verschiedenen Steuerungsobjekte sicherstellen zu können.

Die Hauptkriterien für die Auswahl eines geeigneten Betriebssystems sind die POSIX-Kompatibilität nach Posix 1003.13/PSE 51 [Pos90], eine breite Unterstützung von Rechnerhardware sowie die Entwicklung auf dem Zielsystem und zusätzlich die Möglichkeit zur Crosscompilierung und -debugging[2].

Nach Tabelle 5.2 (diese Tabelle gibt eine Auswahl der gängigsten Echtzeitbetriebssysteme an) gibt es mehrere geeignete Echtzeitbetriebssysteme. Als Basis des Mikromontage Planungs- und Steuerungssystems wurde Real-Time-Linux [BY96] ausgewählt, das neben den oben genannten Kriterien zusätzlich über alle Eigenschaften eines Allzweck-Betriebssystems verfügt. Es lässt sich als sehr

---

[1]gegebenenfalls sollte die Möglichkeit der Ausgabe von Statusmeldungen vorgesehen werden, vgl. [Ric95])

[2]beide Vorgehensweisen bieten Vorteile, so ist die Fehlersuche in einem Echtzeitsystem naturgemäß schwieriger als in Standardsystemen, so dass der Remote-Zugriff wünschenswert ist. Andererseits ist für kurze Entwicklungszyklen die Programmerstellung auf dem Zielrechner wünschenswert. Die Verfügbarkeit beider Alternativen ermöglicht jeweils den Einsatz der geeignetsten Methodik.

5.1 ENTWURF DES STEUERUNGSSYSTEMS

	VxWorks/pSOS	OS-9	QNX	LynxOS	RTLinux
POSIX-Standard	-	-	+	+	+
Hardwareunterstützung	+	o	+	+	+
Entwicklung auf Ziel	-	-	+	+	+
Cross-Entwicklung	+	+	-	+	+
Standard-OS gekoppelt mit Echtzeit-OS	-	-	-	+	+

Tabelle 5.2: Bewertung verfügbarer Echtzeitbetriebssysteme

„schlankes" Betriebssystem aufsetzen, das sich hervorragend für den Einsatz auf *diskless clients*[3] eignet, ein sogenanntes **hartes Echtzeitbetriebssystem** ist[4] und im schlechtesten Fall auf einem Intel 486/33 Mhz PC 30 μs vom Eintreffen einer Interrupt-Anforderung bis zum Aufruf des entsprechenden Interrupt-Handlers garantieren kann.

Im Folgenden soll die Struktur von Real-Time-Linux (RT-Linux) kurz vorgestellt werden, um die Implementierung der Stationsobjekte besser nachvollziehen zu können.

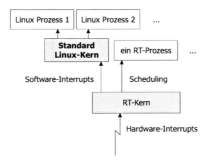

Abbildung 5.1: Architektur des verwendeten Echtzeitbetriebssystems

RT-Linux verwendet einen eigenen Echtzeitkern (RT-Kern), auf dem der Standard Linux-Kern als Prozess integriert ist. Dies ermöglicht es Echtzeit-Tasks, mit der von ihnen benötigten Priorität im Echtzeitkern abzulaufen. Zusätzlich wurde die Hardware-Interrupt-Abarbeitung so abgeändert, dass Echtzeit-Tasks erste Priorität bei der Abarbeitung haben und noch vor dem Standard Linux-Kern

---
[3] also Rechnerknoten ohne Festplatte, die das Betriebssystem über das Netzwerk laden
[4] also ein Betriebssystem, das aufgestellte Zeitschranken strikt einhält

durch den RT-Linux-Kern die Möglichkeit der Interrupt-Behandlung haben, vgl. Abb. 5.1. Die Autoren von RT-Linux stellen in [BY96] ein Entwurfskriterium für Echtzeitprogramme auf, das auch für andere Echtzeitumgebungen gültig ist:

> Echtzeit-Programme sollten aufgeteilt werden in kleine und einfache Teile, die harte Echtzeitbedingungen erfüllen müssen und größere Teile, die die komplexeren Berechnungen durchführen.

Unter Berücksichtigung dieses Entwurfskriteriums wurden die Steuerungsobjekte für die Mikromontagestation wie in Abbildung 5.2 gezeigt entworfen. Ein größerer Teil der Steuerungsobjekte ist als **konventioneller User-Space Prozess** realisiert, der die Kommunikation mit den übergeordneten Instanzen ermöglicht und auf Betriebssystem- und Bibliotheksfunktionen zugreifen kann, während ein kleiner Teil als Echtzeit-Task die Kommunikation mit den Mikrocontrollern, mit beteiligten, auf anderen Knoten laufenden Objekten sowie Ein-/Ausgabefunktionen übernimmt [Pap98], [Ric99]. Hierzu stehen auch Routinen zur Verfügung, die Datenpakete über DPR von Rechnerknoten zu Rechnerknoten weiterleiten; dies ist vorgesehen, falls die Topologie des Parallelrechners es erforderlich machen sollte, dass beispielsweise ein Bewegungskommando von einem PC-Modul an einen nicht direkt benachbarten Mikrocontroller weitergereicht werden muss.

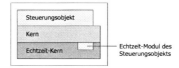

Abbildung 5.2: Architektur der Steuerungsobjekte

5.1.2 Entwurfsmethodik

Die innerhalb der Mikromontagestation zu steuernden Komponenten sind:

- Roboter mit
  - Positioniereinheiten
  - Manipulationseinheiten, jeweils angetrieben durch Aktoren (Piezokeramiken)
- Peripheriegeräte wie Mikroskope, XY-Tisch

Diese unterschiedlichen „Arten" von Objekten in der Station (etwa verschiedene *Roboter, Kameras* etc.) bieten sich für die Modellierung als Objekte (bzw. ihre Abstraktion als Klasse) an. Dies entspricht gängiger Praxis im objektorientierten Entwurf: In [Eck00] wird Alayn Kay, der Erfinder der objektorientierten Programmiersprache *Smalltalk* zitiert:

> **Alles ist ein Objekt** [...] Theoretisch kann man jede konzeptuelle Komponente im zu lösenden Problem als programmtechnisches Objekt repräsentieren (z.b. Hunde, Gebäude, Dienste etc.).

Auch die Partitionierung der Objekte in unterschiedliche „Arten" und deren Repräsentation als Klassen entspricht der kanonischen Vorgehensweise [Eck00]:

> Eine Klasse beschreibt eine Menge von Objekten, die identische Charakteristiken (Datenelemente) und identisches Verhalten (Funktionalität) aufweisen [...].

Dementsprechend ist in [Bal95] der Begriff **Objekt** wie folgt definiert:

> Ein **Objekt** ist allgemein ein Gegenstand des Interesses, insbesondere einer Beobachtung, Untersuchung oder Messung. In der objektorientierten Software-Entwicklung ist ein **Objekt** ein individuelles Exemplar von Dingen (z.B. Roboter, Auto) [...].

5.1.3 Objekthierarchie

Da die Objekte der Mikromontagestation in ihren Anforderungen bezüglich der Antwortzeiten differieren und damit unterschiedliche Echtzeitanforderungen haben, wird das Steuerungssystem in hierarchische Ebenen unterteilt. Dabei soll jede Hierarchieebene objektorientiert realisiert werden.

Abbildung 5.3 zeigt die gewählte Hierarchie, die weitgehend dem klassischen Ansatz für Steuerungssysteme folgt. Die Eingabe an das Steuerungssystem sind Informationen, welche Komponenten welche Aktionen ausführen sollen, die von der **Leitebene**, auf der die Stationssteuerung implementiert ist, an die jeweils zuständigen Steuerungsobjekte (dies sind Roboterobjekte, Mikroskopobjekte oder Kameraobjekte), die sich in der **Steuerungsebene** befinden, weitergeleitet werden. Die unterste Hierarchieebene ist die **Sensor-Aktorebene**, auf der die Aktorsteuerungsobjekte Ansteuerspannungen für die Piezoaktoren der Roboter generieren.

Die in der Mikromontagestation anfallenden Sensordaten sind jedoch für eine *reaktive Steuerung* größtenteils ungeeignet (es handelt sich hierbei beispielsweise um Bilddaten der Kameras oder Daten der Kraftsensoren, die erst interpretiert werden müssen, um Informationen über die Zustände im Roboterarbeitsraum zu erlangen). Daher ist die Echtzeitanforderung an die Steuerungsebene höher als bei konventionellen Robotersteuerungen, da die Sensordatenverarbeitung auf dieser Ebene integraler Bestandteil des Regelkreises ist. Insofern weicht die Terminologie hier etwas von der konventionellen Robotik ab, da die Sensor-Aktorebene die Sensordaten lediglich zur weiteren Bearbeitung an die Steuerungsebene durchreicht.

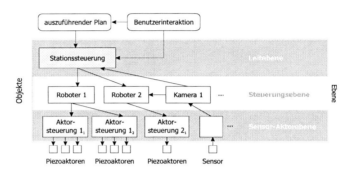

Abbildung 5.3: Architektur des Steuerungssystems

5.1.4 Modellierung der Steuerungsobjekte

Um eine konsistente programmiertechnische Modellierung der Komponenten der Mikromontagestation zu erreichen, soll in diesem Abschnitt eine Methode entwickelt werden, mit der sich die Zusammenarbeit der physikalischen Komponenten abstrakt beschreiben und simulieren lässt.

Zur Planung, Analyse und Optimierung von Montageaufgaben ist die Modellierung mit Automaten und Petri-Netzen ein gutes Werkzeug. So existieren für Petri-Netze eine Vielzahl von rechnergestützten graphischen Visualisierungswerkzeugen, mit denen man das Netzverhalten intuitiv am Bildschirm nachvollziehen kann und das Petri-Netz rechnergestützt auf verschiedene Eigenschaften überprüfen kann, vgl. [Bal95]:

> Petri-Netze eignen sich besonders gut zur Modellierung von Systemen mit kooperierenden Prozessen. Das Anwendungsspektrum umfasst daher insbesondere diskrete, ereignisorientierte, verteilte Systeme.

5.1 Entwurf des Steuerungssystems

Die in den folgenden Abschnitten eingeführte Methode generiert konstruktiv aus den Zuständen der Steuerungsobjekte und deren Zusammenwirken ein korrespondierendes Petrinetz, mit dem sich das dynamische Verhalten der Objekte analysieren lässt. In Anhang A ist ein solcher Modellierungsprozess anhand einer Mikromontagestation mit einem Mikroroboter ausführlich dargestellt, die Lektüre des Anhangs veranschaulicht die im Folgenden eingeführten Formalismen.

Aus dieser Beschreibung und den Ergebnissen der Simulation wird ein Schema der Objektkopplung abgeleitet, das das reibungslose Zusammenspiel der Stationsobjekte sicherstellt, indem eine enge Kopplung zwischen Objekten hergestellt wird, wenn diese benötigt wird (etwa für eine Regelung). Falls diese enge Kopplung fälschlicherweise nicht wieder beendet wird, kommt es zu einer Fehlfunktion des gesamten Steuerungssystems, da dann von anderen Steuerungsobjekten benötigte Ressourcen nicht verfügbar sind. Aus diesem Grund soll das Wechselspiel der Objekte zunächst formalisiert, über Petrinetze modelliert und dann simuliert werden. Diese Methodik ist durchaus auf andere Anwendungen übertragbar und soll hier am Beispiel der Mikromontage erörtert werden.

Betrachtet man die Mikromontagestation (vgl. Abb. 4.1 und 2.7), so lässt sich die folgende Klassenbildung gemäß den Prinzipien der objektorientierten Programmierung (5.1.2) ableiten:

robot (CR): die Basisklasse eines allgemeinen Mikroroboters,

table (CT): Basisklasse eines Positioniertisches, wie er sowohl im Fall des Robotereinsatzes unter einem konventionellen Mikroskop als auch im Fall eines Rasterelektronenmikroskops als Arbeitsfläche der Roboter dient,

local_sensor (CL): Basisklasse eines lokalen Sensors (bestehend aus einem bildgebenden System wie etwa ein REM oder ein herkömmliches Mikroskop) und einer bildauswertenden Einheit, die Informationen über die Position und Orientierung von Mikroobjekten und Robotergreifern liefert),

global_sensor (CG): Basisklasse eines globalen Sensors (hier eine CCD-Kamera mit einer bildauswertenden Einheit, die Informationen über die Position und Orientierung der in der Station befindlichen Mikroroboter liefert) und

micro_object (CO): die Basisklasse aller zu handhabenden Mikroobjekte (Mikrobauteile) oder die Handhabung unterstützender Montagehilfen.

Diese Basisklassen bilden die Grundlage für alle in der Station vorkommenden Komponenten. Wird nun das System ausgebaut und eine der vorhandenen Komponenten durch eine neue, leistungsfähigere ersetzt, so lässt sich das Steuerungssystem durch Ableitung einer neuen Klasse von der jeweiligen Basisklasse schnell anpassen. Die Basisklassen stellen jeweils für die Komponenten benötigte Grundfunktionen bereit, die gegebenenfalls durch abstrakte Objektmethoden repräsentiert werden, die bei der weiteren Vererbung und Instanziierung durch konkrete Methoden ersetzt werden. Man erhält so die Menge der Basisklassen:

$$C = \{CR, CT, CG, CL, CO\} \tag{5.1}$$

Eigenschaften der Steuerungsobjekte

Betrachtet man nun die physikalisch in der Station vorhandenen Objekte, also Roboter, Sensoren, Tisch und Kameras, so erhält man die Menge der aktiven Objekte:

$$AO = \bigcup_{i=1}^{n_r} RO_i \cup \bigcup_{j=1}^{k} \bigcup_{i=1}^{n_o} OO_i^j \cup \bigcup_{i=1}^{n_l} LSO_i \cup \bigcup_{i=1}^{n_g} GSO_i \cup TO \tag{5.2}$$

mit den instanziierten Objekten

Objektname	Objekt	abgeleitet von
RO_i	Roboterobjekt i	CR
OO_i^j	Mikroobjekt i vom Typ j	CO
LSO_i	lokales Sensorobjekt i	CL
GSO_i	globales Sensorobjekt i	CG
TO	dem Tischobjekt	CT

Dabei steht RO_i für einen kompletten Mikroroboter (bestehend aus Plattform, Manipulator und Greifer). Die zu handhabenden Mikroobjekte zerfallen in k verschiedene Klassen, die jeweils unterschiedliche geometrische Formen (etwa Zahnräder, Achsen, etc.) haben oder jeweils anders zu handhaben sind (oder beides).

In einer Mikromanipulationsstation befindet sich i.a. nur ein XY-Tisch, der zusammen mit den auf ihm befindlichen Mikrorobotern und den Mikroobjekten eine kinematische Kette bildet. Durch Verfahren des Tisches lässt sich der gewünschte Bereich, in dem sich Mikroobjekte befinden, unter das Blickfeld des Mikroskops bringen, in dem dann Roboter Manipulationsaufgaben ausführen.

Wie lassen sich nun Abläufe in der Mikromontagestation formalisieren und simulieren? Eine Simulation der Montageabläufe muss die Zustände der Steuerungsobjekte und deren Abhängigkeiten untereinander beschreiben. Das im Folgenden beschriebene Verfahren kann als eine Erweiterung der Arbeiten von C. A. Petri aufgefasst werden, der in [Pet62] die Arbeitsweise von endlichen Automaten

5.1 ENTWURF DES STEUERUNGSSYSTEMS

auf sogenannte Kommunikationsnetze abbildet. Hier soll jedoch der Schwerpunkt auf der Erhaltung der modellierten Struktur des zu steuernden Systems liegen und ein Algorithmus zur Transformation des Automatensystems angegeben werden.

Objekte einer gegebenen Klasse in einem objektorientierten Programm unterscheiden sich nach [Eck00] lediglich durch ihren **Zustand**. Der Zustand eines Objekts besteht aus der Gesamtheit der Daten seiner Eigenschaften. Betrachtet man die in einer Mikromontagestation typischerweise auftretenden Zustände, so lassen sich Zustände einer höheren Abstraktionsebene (und einer größeren Granularität) identifizieren. Beispielsweise kann ein *Roboter*-Objekt durch seine Eigenschaften (Position, Orientierung, ID,...) beschrieben werden. Im Falle einer *Pick-and-Place* Operation befindet es sich nacheinander in den (beispielhaften) Zuständen „frei", „bewegt sich", „greift Objekt" und „legt Objekt ab". Betrachtet man diese Abläufe aus der Sicht des Roboters, so reagiert dieser auf Befehle von außen (also auf *Eingaben*). [Bal95] definiert einen **Automat** wie folgt:

> Mathematisches Modell eines Systems oder Gerätes, das auf Ereignisse oder Eingaben mit Aktionen oder Ausgaben reagiert.

Ein **Zustandsautomat** oder **endlicher Automat** ist ebendort folgendermaßen definiert:

> Besteht aus einer endlichen Anzahl interner Zustände. Zwischen den Zuständen gibt es Zustandsübergänge, die in Abhängigkeit von Eingaben oder Ereignissen durchgeführt werden. Eine Ausgabe oder Aktion kann erfolgen beim Zustandsübergang oder in einem Zustand.

Um die notwendigen Abläufe in der Mikromontagestation im Steuerungssystem abbilden zu können, liegt also die Modellierung der einzelnen Stationsobjekte als finite Automaten nahe. So besitzt jedes Objekt eine Menge möglicher Zustände und genau einen aktuellen Objektzustand. Am Beispiel eines Mikroobjekts könnten dies die folgenden Zustände sein:

$$\{\text{frei, gegriffen, montiert}\}.$$

Zustandsübergangsfunktionen der Steuerungsobjekte

Die Analyse der möglichen Objektzustände aller Objekte der Mikromontagestation ergibt eine Menge der möglichen Zustände für jede der Basisklassen $B \in C$. Diese Zustandsmenge einer Klasse sei im Folgenden mit Z_B bezeichnet. Betrachtet man die Klassen der Steuerungsobjekte in C als deterministische, endliche Automaten $\mathcal{A}_B$, so ist jedes Objekt O einer Klasse B zu einem beliebigen Zeitpunkt t in einem definierten Zustand $S_O(t)$. Dabei ist

$$\mathcal{A}_B = (E, S_B, \delta, s_0^B, A, F) \text{ mit} \qquad (5.3)$$

$E = \{e_1, e_2, \ldots, e_e\}$ der Eingabemenge
S_B der Zustandsmenge der Klasse
$\delta : E \times S_B \to S_B \times A$ der Zustandsübergangsfunktion der Klasse
s_0^B dem kanonischen Startzustand
A der Ausgabemenge und
$F \subseteq S_B$ der Menge der Finalzustände

Die Konstruktoren der einzelnen Klassen können bei bestimmten Objekttypen vorsehen, dass sich ein Objekt nicht im kanonischen Startzustand s_0^B befindet (etwa, wenn ein Teil zu Beginn bereits auf einer Teilbaugruppe vormontiert ist). Dieser abweichende Startzustand sei mit s_0^O (Startzustand des Objekts O) angegeben.

Um die Objekte vollständig als endliche Automaten formalisieren zu können, sei im Folgenden der Automaten-Begriff erweitert um mögliche Parameter, die der Automat zu einer Eingabe einlesen kann. Beispielsweise wird der Automat Roboter, wenn er vom Zustand *free* in den Zustand *travelling* übergeht, immer einen Parameter erwarten, der angibt, **wohin** sich der Roboter bewegen soll. Umgekehrt ist es sinnlos, alle möglichen Parameterkombinationen als Eingabeworte zu definieren; so wäre die Menge $G \; xy\theta$, die alle möglichen Eingaben für den Zustandswechsel *free* $\to$ *travelling* beschreibt, zwar endlich, der Übersichtlichkeit der Darstellung des Automaten aber stark abträglich. Hierzu sei zunächst definiert:

Definition 8 (Parameter, Parametermenge) *Eine Parametermenge sei definiert als eine Menge* P *der Form*

$$\forall x \in P : x = (g, w)$$

Dabei sei das Tupel (g, w) *der Parameter, bei dem jeweils w den Wert der Größe g angibt.*

Mit diesem Parameter-Begriff sei nun der Begriff des Automaten folgendermaßen erweitert[5]:

Definition 9 (parametrisierter, deterministischer endlicher Automat) *Ein parametrisierter, deterministischer endlicher Automat (PDEA) ist ein Tupel*

$$PDEA = (E, S, \delta, s_0, F) \; \textit{(ohne Ausgabe) bzw.}$$

$$PDEA = (E, S, \delta, s_0, A, F) \; \textit{(mit Ausgabe), mit}$$

---

[5] diese Erweiterung führt zusätzlich zu den Eingabezeichen einen möglichen Parameter ein, der die Zustandswechsel und Ausgaben nicht verändert, sondern nur die Möglichkeit schafft, einem Automaten Parameter für einen Zustandswechseln zu übergeben

5.1 Entwurf des Steuerungssystems

E der Eingabemenge mit
$\forall x \in E : x = (e, p)$, dabei ist p ein Parameter,
S der Zustandsmenge,
δ der Zustandsübergangsfunktion $\delta : E \times S \to S \times A$,
s_0 dem Startzustand,
A der Ausgabemenge mit
$\forall x \in A : x = (a, p)$, dabei ist p ein Parameter und
$F \subseteq S$ der Menge der Finalzustände.

Die Mengen E und A, die parametrisierte Eingabezeichen beinhalten, definieren auch die (parameterlosen) Ein- ($\overline{E}$) und Ausgabealphabete ($\overline{A}$) eines herkömmlichen endlichen Automaten:

$$\overline{E} = \bigcup_{(e,p) \in E} e; \quad \overline{A} = \bigcup_{(a,p) \in A} a$$

$DEA = (\overline{E}, S, \overline{\delta}, s_0, \overline{A}, F)$ *ist der zugehörige deterministische, endliche Automat mit der korrespondierenden parameterlosen Zustandsübergangsfunktion* $\overline{\delta} : \overline{E} \times S \to S \times \overline{A}$.

Diese Formalisierung erlaubt nun, das Systemverhalten weitestgehend auf der Abstraktionsebene der endlichen Automaten zu beschreiben.

Erweitert man nun die Automaten $\mathcal{A}_O$ zu parametrisierten deterministischen Automaten nach Definition 9, so hat man eine formale Beschreibung für Montagevorgänge in einer Mikromontagestation. Beispielsweise kann ein Roboterobjekt einen PDEA beinhalten, der mittels G (x, 10) (y, 10) in den Zustand „Roboter bewegt sich" übergeht, wobei die Parameter (x, 10) und (y, 10) die gewünschte Position angeben.

Die Montageabläufe lassen sich anhand der einzelnen PDEA der Stationsobjekte lokal beschreiben. Betrachtet man die Gesamtheit der Stationsobjekte, so wird jedoch klar, dass die lokale Betrachtung nicht ausreicht. Soll beispielsweise ein Roboter mittels der globalen Kamera positioniert werden, so ist daran sowohl das Roboterobjekt als auch das Kameraobjekt beteiligt. Dies führt zur Definition einer globalen Zustandsübergangsfunktion, die Gegenstand des nächsten Abschnitts ist.

Zustandsübergangsfunktion der Steuerungsebene

Betrachtet man die Gesamtheit der Stationsobjekte, so ergibt sich die Notwendigkeit der Erweiterung der Zustandsübergangsfunktionen der PDEAs der einzelnen Objekte dahingehend, dass die meisten Zustandsübergänge weitere Zustandswechsel bei anderen Objekten erfordern.

Fasst man die Ausführungen des vorangegangenen Abschnitts zusammen, so erhält man als Zustandsübergangsfunktion eines Steuerungsobjekts:

$$ZF_x : op \times S_x \to S_x$$

für ein Steuerungsobjekt $x \in AO$ (Formel 5.2) und eine durchzuführende Operation $op \in E_x$.

Tatsächlich werden die Operationen jedoch von der Gesamtheit aller Steuerungsobjekte in der Station durchgeführt:

$$ZF : op \times S_{x_1} \times S_{x_1} \times \cdots \times S_{x_n} \to S_{x_1} \times S_{x_1} \times \cdots \times S_{x_n},$$

wobei $\{x_1, \ldots, x_n\} = AO$.

Um die Abläufe in der Mikromontagestation in ihrer Gesamtheit betrachten zu können, sei nun der Zusammenschluss mehrerer Automaten zu einem „Verbund" definiert[6]:

Definition 10 (Automatenverbund) *Ein Automatenverbund Γ ist eine endliche, nichtleere Menge von parametrisierten endlichen Automaten $\Gamma = \{\mathcal{A}_1, \ldots, \mathcal{A}_n\}$ mit*

$$\mathcal{A}_i = (E_i, S_i, \delta_i, s_{0_{\mathcal{A}_i}}, A_i, F_i).$$

Die Eingabe eines Automatenverbundes Γ ist ein Wort über der Menge $E^\Gamma = \bigcup_{i=1}^n E_i$, die Ausgabe über $A^\Gamma = \bigcup_{i=1}^n A_i$. Ferner gelte:

$$\exists i, j : \overline{A_i} \cap \overline{E_j} \neq \emptyset,$$

*d.h. es existiert mindestens eine Eingabemenge $\overline{E_j}$ und eine Ausgabemenge $\overline{A_i}$, die **nicht** disjunkt sind. Die Eingabe von Γ gilt für alle Automaten im Verbund und eine Eingabe $\mathcal{E}$ hat i.a. Zustandswechsel von **mindestens** einem Automaten im Verbund zur Folge.*

Zur Visualisierung der Abläufe ist der folgende Satz von zentraler Bedeutung:

Das Automatenverbundtheorem

Satz 1 (Automatenverbundtheorem) *Zu jedem Automatenverbund Γ gibt es ein korrespondierendes Petri-Netz $\mathcal{PN}_\Gamma$, in dem die Zustände des Automatenverbundes durch Stellen und die Zustandsübergänge durch Transitionen repräsentiert werden.*

---
[6]es lässt sich zwar auch ein einzelner, äquivalenter Automat konstruieren, dabei verliert man jedoch die durch die Station gegebene Struktur und damit die Anschaulichkeit der Formalisierung

5.1 ENTWURF DES STEUERUNGSSYSTEMS

Dieser Satz erlaubt es, aus der Beschreibung der Mikromontagestation als Verbund der Automaten der einzelnen Stationsobjekte ein korrespondierendes Petri-Netz zu generieren, mit dem sich Eigenschaften der Zusammenarbeit zwischen den Stationskomponenten simulieren lassen. Dazu dient der folgende, konstruktive

Beweis 1

Zu zeigen: es existiert ein gerichteter Graph G mit zwei Knotenmengen S_G, T_G, für die gilt: $S_G \cap T_G = \emptyset$, $S_G \cup T_G \neq \emptyset$ und zwei Relationen $Q_G \subseteq S_G \times T_G$ (Quellrelation) und $Z_G \subseteq T_G \times S_G$, vgl. etwa [Inf93].

1. **Konstruktion zweier disjunkter Knotenmengen**

    (a) Für alle Automaten $\mathcal{A}_i$ in Γ generiere die Menge S_G (die Menge der Stellen) wie folgt:
    $$S_G := \emptyset$$
    $$\forall \mathcal{A}_i \in \Gamma : \forall s \in S_{\mathcal{A}_i} : S_G := S_G \cup s$$

    (b) Für alle Automaten $\mathcal{A}_i$ in Γ generiere die Menge T_G (die Menge der Transitionen) wie folgt:
    $$T_G := \emptyset$$
    $$\forall \mathcal{A}_i : \forall e \in E_{\mathcal{A}_i}, s \in S_{\mathcal{A}_i} T_G := T_G \cup (e, s) \text{ falls } \delta_{\mathcal{A}_i}(e, s) \neq (s, \lambda)$$

    Die Disjunktivität dieser Knotenmengen ist aus den Konstruktionsvorschriften ersichtlich.

2. **Konstruktion von Quell- und Zielrelation**

    (a) Konstruktion der Quellrelation Q_G:
    $$Q_G := \emptyset$$
    $$\forall \mathcal{A}_i \in \Gamma : \forall e \in E_{\mathcal{A}_i}, s \in S_{\mathcal{A}_i} \text{ mit } \delta_{\mathcal{A}_i}(e, s) \neq (s, \lambda) :$$
    $$Q_G := Q_G \cup (s, (e, s))$$

    Dies fügt für alle Automaten des Verbundes Γ eine „Kante" $s \to (e, s)$ in die Quellrelation Q_G ein, für die der Automat einen Zustandswechsel oder eine Ausgabe bei Eingabe von e erzeugt. Analog wird Z_G konstruiert:

(b) Konstruktion der Zielrelation Z_G:

$$Z_G := \emptyset$$

$$\forall \mathcal{A}_i \in \Gamma : \forall e \in E_{\mathcal{A}_i}, s \in S_{\mathcal{A}_i} \text{ mit } \delta_{\mathcal{A}_i}(e,s) = (t,a)$$

$$\text{und } (t,a) \neq (s,\lambda) : Z_G := Z_G \cup ((e,s),t)$$

3. **Initialmarkierung des Netzes**

$$\forall \mathcal{A}_i \in \Gamma : m_0^{s_{0_{\mathcal{A}_i}}} = 1, \text{ sonst } 0$$

Durch diese Konstruktion ist sichergestellt: $S_G \cap T_G = \emptyset$, $Q_G \subseteq S_G \times T_G$ und $Z_G \subseteq T_G \times S_G$. Damit existiert ein dem Automatenverbund korrespondierendes Petri-Netz. □

Korollar 5.1 *Jede Zustandsübergangsfolge eines Automatenverbundes Γ für eine Eingabe e entspricht genau einer Schaltfolge im korrespondierenden Petri-Netz $\mathcal{PN}_\Gamma$, so dass zu jedem Zeitpunkt genau die Stellen S_{G_i} in $\mathcal{PN}_\Gamma$ mit Marken belegt sind, die den aktiven Zuständen S_i in den $\mathcal{A}_j \in \Gamma$ entsprechen.*

Beweis 5.1

Es sei $e = e_0 e_1 \ldots e_m$ das Eingabewort für Γ. Die Zustandsfolge von Γ sei:

$$\mathcal{F} = \begin{pmatrix} s_{0_{A_1}} \\ s_{0_{A_2}} \\ \vdots \\ s_{0_{A_n}} \end{pmatrix}, \begin{pmatrix} s_{i_{1_{A_1}}} \\ s_{i_{1_{A_2}}} \\ \vdots \\ s_{i_{1_{A_n}}} \end{pmatrix}, \ldots, \begin{pmatrix} s_{i_{m_{A_1}}} \\ s_{i_{m_{A_2}}} \\ \vdots \\ s_{i_{m_{A_n}}} \end{pmatrix} \quad (5.4)$$

Induktion über die Zeichen des Eingabewortes liefert:

1. **Induktionsanfang** Definitionsgemäß entspricht die Initialmarkierung von PN_Γ den Zuständen $s_0^{\mathcal{A}_i}$.

    Es gelte nun o.B.d.A. $\exists \mathcal{A}_i : \delta_{\mathcal{A}_i}(s_{0_{\mathcal{A}_i}}, e_0) \neq (s_{0_{\mathcal{A}_i}}, \lambda)$ (sonst: verwerfe alle Eingabezeichen, bis ein erster Zustandswechsel erfolgt). Dann gilt für alle diese $\mathcal{A}_i$:

    $$\delta_{\mathcal{A}_i}(s_{0_{\mathcal{A}_i}}, e_1) = (s_{i_{1_{\mathcal{A}_i}}}, a_k)$$

    im korrespondierenden Petri-Netz $\mathcal{PN}_\Gamma$:

    $$\exists (e_0, s_{0_{\mathcal{A}_i}}) \in T_G \text{ wegen 1b und} \quad (5.5)$$

5.1 ENTWURF DES STEUERUNGSSYSTEMS

$\exists (s_{0_{A_i}}, (e_0, s_{0_{A_i}})) \in Q_G$ wegen 2a.

Diese Transitionen sind aktiviert, da sie mit der Stelle eines Startzustandes verbunden sind (3). Die Folgezustände der $\mathcal{A}_i$ sind die Zustände $\begin{pmatrix} s_{i_1 A_1} \\ s_{i_1 A_2} \\ \vdots \\ s_{i_1 A_n} \end{pmatrix}$,

die sich aus der Anwendung der $\delta_{\mathcal{A}_i}$ ergeben. Von den Transitionen 5.5 existieren die folgenden Verbindungen:

$$\exists ((e_0, s_{0_{A_i}}), t) \in Z_G \text{ mit } \delta_{\mathcal{A}_i}(e_0, s_{0_{A_i}}) = (t, a) \text{ wegen 2b,}$$

dabei ist $t = s_{i_1 A_i}$ nach Definition 5.4. Schalten der Transitionen in 5.5 liefert die Markenbelegung $m_1^t = 1$. Damit sind alle Zustände in $\mathcal{PN}_\Gamma$ mit einer Marke belegt, die im Automatenverbund nach Eingabe von e_0 neu eingenommen worden sind. Gleichzeitig sind die Zustände von $\mathcal{A}_i$, die unverändert blieben, weiterhin belegt (für $\delta_{\mathcal{A}_i}(s_{0_{A_i}}) = (s_{0_{A_i}}, \lambda)$, da dies per definitionem von Q_G ausgeschlossen ist, 2a).

2. **Induktionsschritt** Es sei das Eingabezeichen e_k vom Automatenverbund akzeptiert worden und der Verbund im Zustand $\begin{pmatrix} s_{i_k A_1} \\ s_{i_k A_2} \\ \vdots \\ s_{i_k A_n} \end{pmatrix}$. Nach Induktionshypothese ist dann das Petri-Netz wie folgt belegt:

$$m_k^{s_{j_{A_i}}} = \begin{cases} 1 & \text{falls } s_{j_{A_i}} \text{ der momentane Zustand von } \mathcal{A}_i \\ 0 & \text{sonst.} \end{cases}$$

Einlesen von e_{k+1} bringt den Verbund in den Zustand $\begin{pmatrix} s_{i_{k+1} A_1} \\ s_{i_{k+1} A_2} \\ \vdots \\ s_{i_{k+1} A_n} \end{pmatrix}$. Im

Petri-Netz existieren nach Konstruktion 1b, 2a und 2b die Transitionen und Kanten:

$$\exists (e_k + 1, s_{i_{k_{A_i}}}) \in T_G, \quad (5.6)$$

$$\exists (s_{i_{k_{A_i}}}, (e_k + 1, s_{i_{k_{A_i}}})) \in Q_G \text{ und}$$

$$\exists ((e_k + 1, s_{i_{k_{A_i}}}), s_{i_{k+1_{A_i}}}) \in Z_G.$$

Die Transitionen in 5.6 sind aktiviert; ein Schalten liefert die Markenbelegung

$$m_{k+1}^{s_{j_{\mathcal{A}_i}}} = \begin{cases} 1 & \text{falls } s_{j_{\mathcal{A}_i}} \text{ der momentane Zustand von } \mathcal{A}_i \\ 0 & \text{sonst.} \end{cases}$$

□

Um die möglichen Abläufe in der Montagestation formal erfassen zu können und die Kopplung zwischen den Steuerungsobjekten je nach Bedarf der jeweiligen Situation anzupassen (vgl. Abschnitt 3.2), lässt sich ein Steuerungssystem mittels dieser Formalismen zunächst komponentenweise in Form von PDEAs und deren zugehörigen Zustandsübergangsfunktionen modellieren. Im nächsten Modellierungsschritt werden dann die vorhandenen Interaktionen zwischen Komponenten des Robotersystems analysiert und ein beschreibender Automatenverbund aufgestellt. Dieser beinhaltet eine globale Zustandsübergangsfunktion.

Ist das Systemverhalten bei einer bestimmten Montagefolge oder die Menge der möglichen Montageabläufe, die mit den so modellierten Roboterkomponenten durchgeführt werden können, von Interesse, so lässt sich dies anhand des korrespondierenden Petri-Netzes veranschaulichen.

5.1.5 Mögliche Formen der Objektkopplung

Um die Erweiterungsfähigkeit des Steuerungssystems sicherzustellen, muss die Möglichkeit der verteilten Ausführung auf mehreren Rechnerknoten vorgesehen werden. Dies sichert bei einem Ausbau der Mikromontagestation die Verfügbarkeit entsprechender Rechenleistung des Computersystems. Bei einer verteilten Ausführung stellt sich jedoch die Frage, wie die Kopplungsmechanismen zwischen zwei auf unterschiedlichen Rechnern laufenden Objekten aussehen.

Wie in [Län97] beschrieben, muss ein Steuerungssystem in der Lage sein, situationsabhängig eine enge Kopplung zwischen zwei Objekten bereitzustellen, diese aber nach Beendigung dieser Situation wieder in eine lose Kopplung umzuwandeln, um belegte Systemressourcen (Rechenzeit, Speicher, Echtzeit-Kommunikationskanäle) freizugeben.

Betrachtet man die Mechanismen, die CORBA [YD99] zur Verfügung stellt, so wird klar, dass die Bereitstellung von Diensten über einen zentralen ORB (Objekt Request Broker) den Anforderungen an eine enge, echtzeitfähige Objektkopplung nicht gewachsen ist. Der Entwurf eines Echtzeit-CORBAs [Inc99] stellt zwar Mechanismen zur Verfügung, die Echtzeitbedingungen für Methodenaufrufe in verteilt laufenden Objektsystemen ermöglichen, jedoch wird hier das grundlegende Problem des großen Verwaltungsaufwandes für solche Aufrufe nicht gelöst.

5.1 ENTWURF DES STEUERUNGSSYSTEMS 63

Wünschenswert für ein Robotersteuerungssystem ist eine Methodik, die es zwei oder mehreren Objekten situationsgebunden erlaubt, Daten auf direktem Wege auszutauschen und diese enge Kopplung nach Beendigung des zugrundeliegenden Prozesses wieder zu beenden. Voraussetzung für eine solche Vorgehensweise ist ein echtzeitfähiges Kommunikationsmedium. Dabei kann es sich um ein Netzwerkprotokoll wie beispielsweise *Token Ring* handeln[7], ein geeignetes Netzwerkmedium, wie die DPR-Platinen des Steuerrechners aus 4.4.1, oder, falls die beteiligten Prozesse auf demselben Rechner ausgeführt werden, um *shared memory*[8] handeln.

Um die Grundvoraussetzungen für eine entsprechende Methodik überprüfen zu können, sollen im nächsten Abschnitt die Eigenschaften eines Automatenverbundes, der die Steuerungsobjekte eines Mikromontagestation repräsentiert, untersucht werden.

5.1.6 Simulation der Objektkopplung

Das Verhalten eines nach den Prinzipien in Abschnitt 5.1.4 entworfenen Steuerungssystems lässt sich wegen der gezeigten Äquivalenz des zugrundeliegenden Automatenverbundes Γ und des zugehörigen Petri-Netzes $\mathcal{PN}_\Gamma$ gut analysieren. Eigenschaften des in Anhang A vorgestellten Petri-Netzes sind:

- Konservativität (d. h. die Anzahl der Marken im Netz bleibt konstant). Anhand der Konstruktion aus den Automaten lässt sich weiter zeigen, dass jeder vom Petrinetz repräsentierte Automat zu jedem Zeitpunkt in genau einem Zustand ist. Hieraus folgt die

- Sicherheit (d. h. die Anzahl der Marken ist immer begrenzt),

- Lebendigkeit (d. h. alle Transitionen sind durch eine endliche Folge von Schaltvorgängen aktivierbar), sofern es bei den zugrundeliegenden Automaten keine nicht aktivierbaren Zustände gibt,

- Beschränktheit und

- Gewöhnlichkeit, da alle Kanten das Gewicht 1 haben.

Insbesondere folgt aus den Eigenschaften die Deadlock-Freiheit, das heißt, dass das Netz nach jeder beliebigen Schaltfolge lebendig ist. Die Analyse des Erreichbarkeitsgraphen zeigt weiterhin, dass jederzeit die Startmarkierung m_0 erreicht

---

[7]wobei hier die geringe Bandbreite beim Systementwurf berücksichtigt werden muss; eine Übertragung von nicht vorverarbeiteten Bilddaten ist hier nicht möglich
[8]dies wird im allgemeinen Fall jedoch höchstens für eine Teilmenge der Steuerungsobjekte zutreffen

werden kann. Übertragen auf den korrespondierenden Automatenverbund Γ bedeutet das, dass die Menge der Steuerungsobjekte jederzeit durch eine Folge von Zustandsübergängen in den Startzustand versetzt werden kann und dass enge Objektkopplungen immer wieder terminiert werden, so dass keine Verklemmungen auftreten können.

5.2 Entwicklung der Robotersteuerung

In den folgenden Abschnitten soll die Robotersteuerung von „unten" nach „oben", ausgehend von der Sensor-Aktorebene für die beiden Steuerrechner, den hybriden Parallelrechner und die PC-basierte Mikrorobotersteuerung, realisiert werden.

Um die in Tabelle 5.1 geforderten Echtzeitbedingungen erfüllen zu können, wurden für die einzelnen Ebenen basierend auf den Betrachtungen des vorangehenden Abschnitts die folgenden Betriebssysteme gewählt (vgl. Abschnitt 2.2.1):

Ebene	Echtzeit-anforderung	Realisierung (Parallelrechner)	Realisierung (PC-Steuerung)
Sensor-Aktorebene	sehr hoch (ausführend)	eingebettetes System, ohne Betriebssystem	Echtzeit-betriebssystem
Steuerungsebene	hoch (reaktiv)	Echtzeit-betriebssystem	Echtzeit-betriebssystem
Leitebene	gering (planend)	herkömmliches Betriebssystem	herkömmliches Betriebssystem
Planung	sehr gering (planend)	herkömmliches Betriebssystem	herkömmliches Betriebssystem

Tabelle 5.3: Echtzeit-Anforderungen und Betriebssysteme der Steuerungsebenen

5.2.1 Entwicklung der Aktorsteuerungen auf Basis des hybriden Parallelrechners

Die im Abschnitt 2.2.3 gezeigten Anforderungen an die E/A-Leistung für die Ansteuerung der Piezoaktoren kann ein Mikrocontroller erbringen, beispielsweise der Siemens C167. Um den in Abbildung 3.9 (S. 25) gezeigten Signalverlauf zu generieren, wurde im hybriden Parallelrechner ein 8-bit digital-analog-Wandler eingesetzt, da diese Quantisierung für eine Bewegungsauflösung von 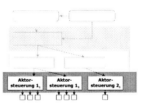 bis zu 20 nm ausreicht und andererseits bei makroskopischen Roboterbewegungen auch eine 6-bit Quantisierung genügt (was praktisch auch zum Einsatz kommt, um die erforderliche Rechenleistung zu senken). Das Analogsignal wird anschließend mittels spezieller Hochspannungsverstärkerplatinen auf den Spannungsbereich von $[-150\,V\ldots +150\,V]$ der Piezoaktoren verstärkt. Weil dies alle Anforderungen erfüllt, wurde die folgende Zuordnung getroffen:

Sensor-Aktorebene ↔ Mikrocontroller-Module (C167)

Da der Mikrocontroller die Berechnung der Ausgabespannungen für jeweils alle 4 Elektroden der angeschlossenen 3 Piezobeine bewältigt[9], besteht seine Eingabe lediglich aus der gewünschten Bewegungsrichtung der Beine. Diese bezüglich der benötigten Bandbreite minimale Eingabe erhält jeder Mikrocontroller von einem übergeordneten Rechner (PC104-Modul).

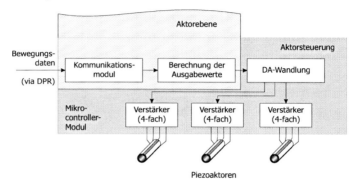

Abbildung 5.4: Struktur der Aktorsteuerung

Abbildung 5.4 zeigt die Realisierung der Sensor-Aktorebene anhand eines einzelnen Aktorsteuerungsrechners (ein Mikrocontroller mit Hochspannungsverstärkern).

Kommunikation im hybriden Parallelrechner

Um die Bewegungskommandos von den PC104-Modulen an die Mikrocontroller weiterzureichen, wurde der in Abschnitt 4.4.1 gezeigte Ansatz implementiert. Die DPR-Backplane des hybriden Parallelrechners schafft die Voraussetzung für ein echtzeitfähiges, verteiltes Steuerungssystem.

Dies deckt sich mit den Anforderungen an das signalerzeugende Subsystem aus Kapitel 4.4.1 und erleichtert die Programmierung der höheren Steuerungs- und Planungsebenen, die dann auf PC-Modulen ablaufen.

---

[9]die Berechnung dieser 12 Kanäle durch einen Mikrocontroller ist zweckmäßig, da sie 1. durch die E/A-Leistung eines C167 noch bewerkstelligt werden kann und 2. die verteilte Ansteuerung der Aktoren einer Bewegungseinheit sehr große Ansprüche an die Synchronisierung der Steuerrechnermodule stellt, da Versuche gezeigt haben, dass für eine optimale Roboterbewegung die Bewegung der Beine synchron erfolgen muss

5.2 ENTWICKLUNG DER ROBOTERSTEUERUNG

Da die Mikrocontroller auf der untersten Steuerungsebene ausführende Instanzen sind, lässt sich zwischen ihnen und der nächsthöheren Steuerungsschicht eine Master-Slave-Beziehung etablieren. In [Ric99] wurde gemäß dieser Entwurfsentscheidung eine Kommunikationsschicht implementiert, die auf Mikrocontrollerseite ein Modul DPRslave und auf PC-Seite ein Echtzeitmodul DPRcomm zur Verfügung stellt, Abb. 5.5.

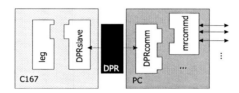

Abbildung 5.5: Kommunikationsmodule auf der Sensor-Aktorebene

Das in Abbildung 5.5 gezeigte Modul mrcommd ist ein Kommunikationsmodul, das eine TCP/IP-Schnittstelle zur Steuerung eines Roboters und an das Rechnermodul angeschlossener Stationsperipherie (Mikroskop, Tisch,...) ermöglicht. Diese Schnittstelle ist zur Fernsteuerung eines Roboters über das Internet geeignet. Das Kommunikationsmodul, das als Master der angeschlossenen Mikrocontroller dient, verwaltet eine Liste der angeschlossenen Mikrocontrollermodule. Die eingebettete Steuerungssoftware der Mikrocontroller startet nach dem Einschalten eine Suchprozedur, um festzustellen, an welchen der acht möglichen Positionen (siehe Abb. 4.6, S. 38) sich ein DPR befindet und ob es sich bei der Gegenseite um ein PC-Modul (also einen Master) handelt. Der Master startet eine ähnliche Prozedur und erstellt eine Liste der an ihm angeschlossenen Slave-Module, die sich von höheren Steuerungsebenen abfragen lässt. Die logische Zuordnung, welches der Slave-Module für welchen Roboter und welche Funktion dieses Roboters (z.B. Plattform, Manipulator, Greifer, ...) zuständig ist, ist Aufgabe der höheren Steuerungsebenen[10].

Abbildung 5.6 zeigt die Schnittstellen der Module der Sensor-Aktorebene. Das Modul leg läuft auf den Mikrocontrollern, an welchen die Aktoren für die Manipulations- bzw. Positioniereinheit angeschlossen sind. Lediglich in diesem Modul findet sich aktorspezifischer Code, so dass eine Anpassung an andere Robotertypen leicht zu bewerkstelligen ist.

---

[10]da ein Mikrocontroller nicht in der Lage ist zu erkennen, wo sich die an ihn angeschlossenen Aktoren auf dem Mikroroboter befinden

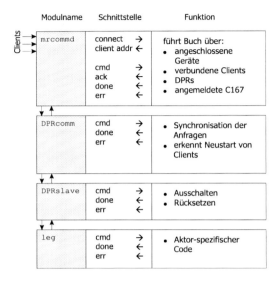

Abbildung 5.6: Schnittstellen der einzelnen Kommunikationsmodule auf der Sensor-Aktorebene

5.2.2 Entwicklung der Steuerungsebene

Die sich aus den Anforderungen ergebende Skalierbarkeit ist in Abbildung 5.7 zu ersehen. Soll die Ansteuerung eines einzelnen Mikroroboters beispielsweise über ein PC-Modul erfolgen, so kann die Topologie des Steuerrechners die in Abbildung 5.7 (1) gezeigte sein.

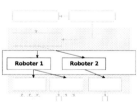

Abbildung 5.7 (2a) zeigt weiterhin die Zuordnung der Steuerungsebene zu mehreren PC104-Modulen, die sich aus den Anforderungen an die Kommunikations- und Rechenleistung ergibt. In dieser Schicht wurden die übergeordneten Steuerungsobjekte (z. B. Roboter, Tisch, Mikroskop,...) implementiert.

Sensor-Aktorebene ↔ Mikrocontroller-Module (C167)
Steuerungsebene ↔ PC-Module (PC104)

5.2 Entwicklung der Robotersteuerung

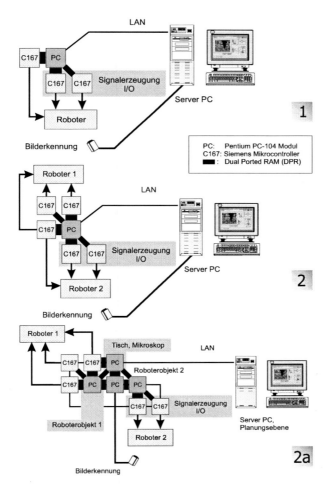

Abbildung 5.7: Beispieltopologien des Steuerrechners: für einen Mikroroboter (1), für zwei Mikroroboter (2) und für zwei Mikroroboter und Stationsperipherie (2a)

5.2.3 Entwicklung der PC-basierten Mikromontagesteuerung

In den vorangegangenen Abschnitten wurde das Steuerungssystem für den Einsatz auf dem hybriden Parallelrechner entwickelt. Nun soll gezeigt werden, dass sich die Konzepte leicht auf den PC-basierten Steuerrechner aus Abschnitt 4.4.2 übertragen lassen.

Da auf dem PC-basierten Steuerrechner die Ebenen 1 bis 3, also von der Leitebene bis zur Aktorsteuerung implementiert werden[11], muss ein Betriebssystem zum Einsatz kommen, das einerseits harte Echtzeitbedingungen garantieren kann, andererseits aber auch eine graphische Benutzeroberfläche bietet. Wie in Abschnitt 5.1.1 gezeigt, werden diese Bedingungen von RT-Linux erfüllt; die Portierung auf die PC-Steuerung wird dadurch wesentlich vereinfacht.

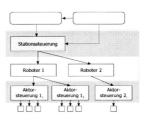

Die Ebenen des Steuerungssystems wurden folgendermaßen auf die Hardware abgebildet:

Sensor-Aktorebene ↔ DSP-Programm
Steuerungsebene ↔ RT-Prozesse
Leitebene ↔ Standard Linux Prozesse

Abbildung 5.8 (vgl. auch Abb. 4.7, S. 39, Abb. 5.3 sowie Abb. 5.2) zeigt schematisch die Architektur der PC-basierten Mikromontage-Steuerung. Wie man sieht, sind alle Funktionen der Steuerung auf einem PC integriert. Die Aktoren der Mikroroboter werden über eine externe analoge Hochspannungsverstärkerschaltung betrieben. Die Erzeugung aller analogen Signale wird von der DSP-Karte bewältigt.

5.2.4 Entwicklung der Objektkopplung

Die Ergebnisse der Simulation des korrespondierenden Petri-Netzes der Robotersteuerung legen das folgende Verfahren zur zeitweiligen engen Kopplung von Steuerungsobjekten, die auf der Steuerungsebene zur Durchführung der Regelung notwendig ist, nahe:

1. Löst ein Zustandsübergang eines Steuerungsobjekts O Zustandsübergänge an einer Menge von weiteren Steuerungsobjekten $N = \bar{O}_1, \bar{O}_2, \ldots, \bar{O}_i$ aus,

---
[11] die DSP-Karte ist ja Bestandteil dieses Steuerrechners; streng genommen realisiert jedoch der DSP die Sensor-Aktorebene und die Steuerungsebene und Leitebene laufen auf der (den) CPU(s) des PC, wie sich aus der Diskussion in Abschnitt 4.4.1 ergibt

5.2 ENTWICKLUNG DER ROBOTERSTEUERUNG

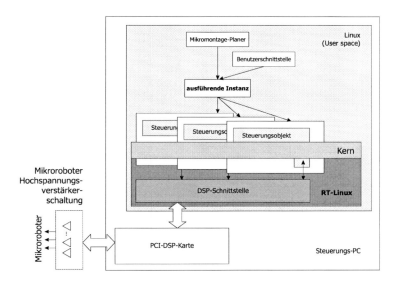

Abbildung 5.8: Architektur des PC-basierten Steuerungssystems

und erfordert der Übergang in die neue Zustandsmenge eine enge Kopplung des Objekts O mit einer Teilmenge $K \subseteq N$, so wird diese sofort beim Übergang in den neuen Zustand hergestellt.

2. Löst ein Zustandsübergang eines Steuerungsobjekts O Zustandsübergänge an einer Menge von weiteren Steuerungsobjekten $N = \bar{O}_1, \bar{O}_2, \ldots, \bar{O}_i$ aus, und eine bestehende enge Objektkopplung zwischen O und einer Teilmenge $K \subseteq N$ wird mit diesem Zustandsübergang nicht mehr benötigt, so wird diese sofort beim Übergang in den neuen Zustand beendet.

Dieses Verfahren sei im Folgenden **ausgehandelte Echtzeitkommunikation** genannt, wobei die Steuerungsobjekte über die globale Zustandsübergangsfunktion den Einsatz der Echtzeitkommunikation „aushandeln".

Bei der Realisierung der Echtzeitkommunikation kam das in Abschnitt 5.1.1 vorgestellte Entwurfskriterium für Echtzeitanwendungen zum Einsatz, nach dem nur die zeitkritischen Programmabschnitte in Echtzeitmodulen realisiert werden. Abbildung 5.9 zeigt die Architektur für beide Rechnerarchitekturen. Im Fall des hybriden Parallelrechners ist die ausgehandelte Echtzeitkommunikation als Mo-

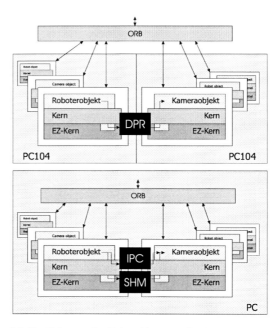

Abbildung 5.9: Realisierung der Echtzeitkommunikation im Falle des hybriden Parallelrechners (oben) und der PC-Steuerung (unten; Interprozesskommunikation mittels IPC: *interprocess communication*, SHM: *shared memory*)

dul ein Bestandteil des Echtzeit-Kerns; sie läuft über das DPR ab. Beim Einsatz der PC-Steuerung kommunizieren die Echtzeitmodule über gemeinsam genutzte Speicherbereiche[12], eine weitere Möglichkeit zur Kopplung im User-space stellen hier die konventionellen Interprozesskommunikationsmechanismen (engl. IPC, etwa FIFO, shared memory etc.) dar.

Abbildung 5.10 zeigt exemplarisch eine Kommunikationssequenz, bei der drei Objekte eine Echtzeitkommunikation aushandeln. Diese Abschnitte sind gekennzeichnet mit „NRC" (für engl. *negotiated real-time communication*, vgl. [Sey99]). Wie man sieht, stößt hier die Ausführung zunächst das Suchen eines Objektes auf dem Tisch an, bei dem das Objekt, das das Mikroobjekt in der Station repräsen-

---

[12]da diese Kernel-Module sind, lassen sich hierfür beliebige Speicherbereiche heranziehen

5.2 ENTWICKLUNG DER ROBOTERSTEUERUNG

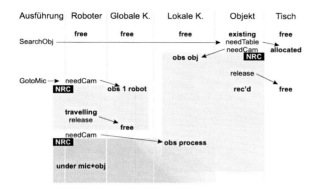

Abbildung 5.10: Ausgehandelte Echtzeitkommunikation dreier Objekte

tiert, eine Verbindung zur lokalen Kamera aufbaut, um seine Position und Orientierung zu bestimmen[13]. Anschließend wird ein Roboter unter das Sichtfeld des Mikroskops gebracht, woran ein Roboterobjekt und die globale Kamera beteiligt sind, und schließlich sind das Roboterobjekt, das Mikroobjekt und die lokale Kamera an der Überwachung des Mikromontageprozesses beteiligt.

5.2.5 Montageskills

Die eigentlichen Montageschritte lassen sich am besten als sogenannte Montageskills (vgl. [Mor97]) realisieren. Diese Skills sind Bestandteil der Roboter- und Mikroobjekte. Auch hierbei kommt die ausgehandelte Echtzeitkommunikation zum Einsatz, da zur Durchführung eines Montageschritts sowohl die Position und Orientierung des Roboters als auch der beteiligten Mikroobjekte von Bedeutung ist. Dabei sind die in Abbildung 4.8 gezeigten Montageprimitive relevant, die je nach auszuführendem Montageplan implementiert sein müssen, um die Montage vollautomatisch durchführen zu können. Die Skills müssen jeweils in der Lage sein, die beteiligten Komponenten des Montagesystems (Robotergreifer, Montagehilfen) sowie die Mikrobauteile per Bilderkennung zu detektieren, um die korrekte Durchführung der Operation gewährleisten zu können. Nach der Definition der Mikromontageprimitive (Def. 7, S. 43) ist neben den Vor- und Nachbedingungen jeweils die Durchführungsvorschrift D für das jeweilige Mikromontage-

---
[13] die Bilderkennungs-Algorithmen für die Mikroobjekte sind spezifisch für die einzelnen Bauteile und daher in den entsprechenden Objekten selbst implementiert

primitiv X zu beachten. Genau diese Durchführungsvorschrift ist in den (Mikro-) Montageskills algorithmisch realisiert.

5.2.6 Regelungsalgorithmen

Da die vorliegende Arbeit auf einer Vielzahl von Arbeiten aufbaut, stehen zur Realisierung der Regelungs- und Bilderkennungsalgorithmen diverse Verfahren zur Verfügung. In [San98] und [SF98] sind Regelungsalgorithmen für Mikroroboter basierend auf herkömmlichen Ansätzen, Fuzzy-Logik und neuronalen Netzen vorgestellt worden, die als Module in die Steuerung der Mikromontagestation eingebunden werden können [FFSB99], [FSSF98], [WSFS98]. So lässt sich das System jederzeit mit dem geeignetsten Subsystem zur Positionierung der Mikroroboter anpassen. Bei der Implementierung der Regelung hat sich gezeigt, dass sich auch mit einem klassischen Ansatz des Visual Servoing [Hg96] bei hinreichender Optimierung der Regelungsalgorithmen ein zufriedenstellendes Systemverhalten erzielen lässt.

5.2.7 Entwicklung der Leitebene

Die Leitebene realisiert die Stationssteuerung und koordiniert die untergeordneten Stationskomponenten wie Roboter, Tisch, Kameras, etc. Es ist sinnvoll, sie auf einem übergeordneten Rechnersystem zu implementieren, weil der Einsatz eines weiteren PC104-Moduls keine Vorteile gegenüber einem herkömmlichen PC bietet und die Rechner nach dem PC104-Standard ein schlechteres Preis-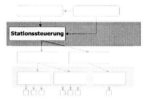
Leistungs-Verhältnis bieten. Hauptaufgabe der Leitebene ist die Ausführung der vom Benutzer oder Planer spezifizierten Reihenfolge der Roboteraktionen.

Um die Mikromontage durchführen zu können, muss der Robotersteuerung die gewünschte Reihenfolge der Aktionen über eine geeignete Programmiersprache mitgeteilt werden. Wünschenswert ist bei der Roboterprogrammierung eine Interpretersprache, um das Resultat der Programmierung unmittelbar nachprüfen zu können und Programme gegebenenfalls auch inkrementell zu erstellen. Roboterprogrammiersprachen lassen sich einteilen [Dil90] in roboterorientierte (z.B. **move** x, y, a) und aufgabenorientierte Sprachen (z.B. **lege** bolzen **in** schraubstock). Um für das Planungsmodul eine ausreichende Sicherheit in der Planausführung gewährleisten zu können, wurde die Klasse der roboterorientierten, expliziten Sprachen ausgewählt. Die aufgabenorientierte Roboterprogrammierung benötigt ein Umweltmodell und Problemwissen und ist daher nicht als Zwischenschicht nach dem Planungssystem geeignet.

5.2 Entwicklung der Robotersteuerung

Ein erster Ansatz, der im Rahmen der vorliegenden Arbeit verfolgt wurde, war der in [Var97] vorgestellte: die Erweiterung einer bestehenden Programmiersprache (LISP, eine funktionale Sprache) um Sprachelemente zur Ansteuerung der Mikroroboter. Wie sich herausstellte, war die praktische Umsetzung dieses Ansatzes jedoch schwierig. So mussten die Roboteraktionen aus der Interpretersprache heraus über Bibliotheksaufrufe realisiert werden, was die Wartbarkeit des Softwaresystems stark einschränkte.

Ein Ansatz, der im Rahmen dieser Arbeit entwickelt wurde und sich aus der verteilten Systemarchitektur des Steuerungssystems ergibt, soll im Folgenden vorgestellt werden. Die Entwurfskriterien für das Interpretermodul sind:

- Syntax einer bestehenden Computersprache (C++)

- Anstoßen von Roboteraktionen über CORBA-Aufrufe

- Einsatz von Objektorientierung für die modellierten Objekte

- Parallelisierende Ausführung

Diese Kriterien wurden gewählt, um den Entwicklungsaufwand für den Interpreter gering zu halten, die Lesbarkeit der Roboterprogramme zu gewährleisten (C++ Syntax und Objektorientierung) und den Einsatz in einer verteilten Ausführungsumgebung zu ermöglichen bzw. deren Vorteile voll auszunutzen (Einsatz von CORBA und parallelisierende Ausführung).

Im Folgenden sollen die Hauptmerkmale dieser Roboterprogrammiersprache und des Interpreters kurz vorgestellt werden.

Initialisierung und Methodenaufrufe

Um Aktionen auch auf entfernten Rechnern anzustoßen, werden Roboterobjekte über ihre CORBA-Adresse initialisiert:

```
host="inet:localhost:8888";
new robot r(host);
```

Der new-Befehl erwartet die Klasse des zu deklarierenden Objekts (robot, object,...), den Objektbezeichner und die CORBA-Adresse in Klammern. Auf Methoden von Objekten wird in konventioneller Aufrufsyntax wie in C++ oder Java zugegriffen: r.getX().

[...]
 r.Move(xN, yN, aN);
 r.Move(0,0,0);
 p=cos(4)*100;
 p;
 s.Move(100, 0, 180);
 delete r;
 delete s;
	[...]
	 [08,01] > r.Move(xN, yN, aN);
	 [11,01] > p=cos(4)*100;
	 [12,01] > p; /* = -65.36; */
	 [13,01] > s.Move(100, 0, 180);
	 [16,01] > delete s;
	 [10,01] > r.Move(0,0,0);
	 [15,01] > delete r;
	 [17,01] > wait();

Abbildung 5.11: Parallelisierende Ausführung: Beispielprogramm (links) und Ausführung (rechts)

Parallelisierende Ausführung

Um das Potenzial einer Montagebeschleunigung bei gleichzeitiger guter Überwachbarkeit und Prozessführung zu gewährleisten, parallelisiert der Interpreter die Befehlsausführung automatisch, indem er selbständig die bsetehenden Abhängigkeiten im RCL-Programm erkennt und gleichzeitig durchführbare Operationen parallel anstößt.

Sobald dem Interpretermodul mehr als ein Roboter bekannt ist und diese Funktion nicht explizit über eine Direktive ausgeschaltet wurde (#pred, was beispielsweise zur Fehlersuche gewünscht sein kann), führt der Interpreter hierzu bei jedem Befehl eine Abhängigkeitsanalyse durch. Diese sorgt dafür, dass die blockierende Ausführung von Befehlen (wie beispielsweise der Aufruf der Methode robot1.move(), die erst zurückkehrt, wenn der Roboter die neue Position angefahren hat) durch Umstellung von Befehlen und vorgezogener Ausführung möglichst effizient umgangen wird. Dies soll an zwei Beispielen verdeutlicht werden: Abbildung 5.11, links, zeigt ein beispielhaftes Programm und Abbildung 5.11, rechts zeigt die Reihenfolge der Befehle, wie sie der Interpreter im optimierenden Modus der parallelisierenden Ausführung durchführt.

Wie man im Beispiel sieht, wird die Ausführung der Move-Methode des zweiten Roboters s sowie die Berechnung einer Variable p vor die zweite Ausführung der Move-Methode des Roboters r gezogen, die erst ausgeführt werden kann, wenn die erste Roboterbewegung des Roboters r beendet ist.

Abbildung 5.12 zeigt die Abfolge der Roboterbewegungen in Diagrammform. Hierbei ist das Ende der Objektinstanziierungen mit einem durchgezogenen Strich angedeutet; man sieht, dass das Roboterobjekt s gleich nach seiner Bewegung wieder per delete gelöscht wird.

5.2 ENTWICKLUNG DER ROBOTERSTEUERUNG

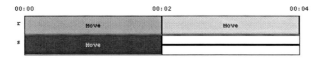

Abbildung 5.12: Abfolge der Roboterbewegungen aus Abb. 5.11

Die Abhängigkeitsanalyse des Interpreters berücksichtigt auch Abhängigkeiten in den Parametern. Dies ist notwendig, falls ein Rückgabewert einer Anweisung als Parameter in einer nachfolgenden Anweisung verwendet wird. Würde dies nicht vom Interpreter berücksichtigt, würde die Parallelisierung zu falschen Ergebnissen führen. Abbildung 5.13 zeigt ein weiteres Beispielprogramm, Abbildung 5.14 die Ausführung. Hier ist zu sehen, wie die Ausführung des Methodenaufrufs r.Move(x+100, y, a-180) so lange verzögert wird, bis die Parameter x, y und a, definiert sind, die von der Ausführung der ersten Move-Methode des Roboterobjekts s (und der anschließenden Positionsbestimmung) abhängen.

Interpreter

In diesem Abschnitt sollen die Mechanismen erläutert werden, die den Interpreter in die Lage versetzen, die oben beschriebenen Optimierungen zur Laufzeit der Roboterprogramme durchzuführen (vgl. [FSFT00]). Zur Laufzeit analysiert der Interpreter bei Vorhandensein von mindestens zwei Objekten die Abhängigkeiten zwischen Objekten und Variablen. Zur Verwaltung der Abhängigkeitsrelationen kommen drei Listen zum Einsatz: eine **Plan-**, eine **Deaktivierungs-** und eine **Warte-**Liste. Die **Plan**-Liste beschreibt Abhängigkeiten zwischen Objekten der Form: Operation o des Roboters i muss abgeschlossen sein, bevor Roboter j seine Ausführung fortsetzen kann. Die Ausführungsreihenfolge kann über wait-Anweisungen erzwungen werden, so dass der Planer explizit Reihenfolgen der Ausführung angeben kann. Auch eine globale Synchronisierung, bei der auf die Fertigstellung aller derzeit laufenden Operationen gewartet wird, ist mittels eines parameterlosen wait() möglich.

Während der Ausführung wird der aktuelle Zustand der drei Listen vom Interpreter dargestellt (Abb. 5.15). Die Ausführung lässt sich über den Emulationsmodus des Ausführungssystems zunächst offline testen, wobei Ausführungszeiten für einzelne Roboterbewegungen anhand der (simulierten) Roboterkonfiguration und konstanten Multiplikatoren simuliert werden. Die Ausführung kann anschließend über Zeitdiagramme, wie in Abbildungen 5.12 und 5.14 gezeigt, visualisiert werden.

```
host="inet:localhost:8888";   // connection mode

new robot r(host); // open robot object r
new robot s(host); // open robot object s
new robot t(host); // open robot object t

xN=20; yN=100; aN=270;

s.Move(xN, yN, aN);
t.Move(20,20,20);

x=s.getX();
y=s.getY();
a=s.getAngle();

r.Move(x+100, y, a-180);
p=cos(a)*100;
s.Move(0,0,0);

delete s;
delete r;
delete t;
```

Abbildung 5.13: Parallelisierende Ausführung: Abhängigkeitsanalyse in Parametern

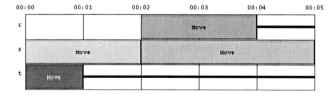

Abbildung 5.14: Abfolge der Roboterbewegungen aus Abb. 5.13

5.2 ENTWICKLUNG DER ROBOTERSTEUERUNG

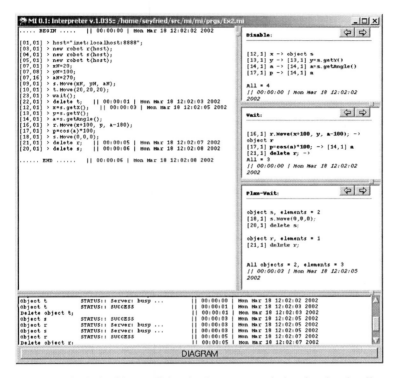

Abbildung 5.15: Ausführungsdialog des Interpreters mit Anzeige der aktuellen Objektlisten (rechte Seite)

5.3 Zusammenfassung und Übertragbarkeit

Gegenstand dieses Kapitels war ein hierarchisches, verteiltes Steuerungssystem für eine Mikromontagestation. Es ist in drei Steuerungsebenen unterteilt: die Leitebene, die die übergeordnete Koordination der Station übernimmt, die Steuerungsebene, welche die zu steuernden Objekte der Station abbildet und die für die Ansteuerung der Roboteraktoren zuständige Sensor-Aktorebene. Dieses Steuerungssystem kann verteilt auf einem hybriden Parallelrechner ausgeführt werden, in dem dezidierte Aktorsteuerungsrechner für die Ansteuerung der Roboteraktoren zum Einsatz kommen. Alternativ wurde eine PC-basierte Architektur entwickelt, die die Ansteuerung der Aktoren über einen DSP bewältigt. Die nächsthöhere Steuerungsebene ist für die Koordination und Kommunikation der zu steuernden Objekte untereinander verantwortlich. Die Kommunikation zwischen diesen beiden Steuerungs- und Sensor-Aktorebene findet über ein echtzeitfähiges Punkt-zu-Punkt Kommunikationsmedium oder geeignete Interprozesskommunikationsmechanismen statt.

Die Kommunikation zwischen Objekten der Steuerungsebene wird mittels einer globalen Zustandsübergangsfunktion geregelt, wobei diese Funktion nicht explizit aufgestellt werden muss, sondern mittels endlicher Automaten, die das Verhalten der einzelnen Steuerungsobjekte beschreiben, implizit angegeben werden kann. Die Abläufe in einem derartigen Steuerungssystem können mittels eines korrespondierenden Petri-Netzes simuliert werden. Durch die Äquivalenz des zugrundeliegenden Automatenverbundes und des Petri-Netzes kann gezeigt werden, dass die (für große Objektmengen recht komplexe) globale Zustandsübergangsfunktion so definiert ist, dass ein verklemmungsfreier Ablauf aller Prozesse in der Station möglich ist.

Die in diesem Kapitel dargestellten Verfahren lassen sich auch auf andere Robotersysteme oder zu steuernde technische Systeme übertragen. Wird dabei die aufgezeigte Vorgehensweise beim Entwurf des Steuerungssystems übernommen, so lässt sich die Verklemmungsfreiheit durch die Analyse des korrespondierenden Petri-Netzes zeigen und gegebenenfalls können bei einem verteilten Steuerungssystem zur Laufzeit notwendige enge Objektbeziehungen hergestellt werden.

Kapitel 6

Entwicklung eines Mikromontage-Planungssystems

In diesem Kapitel soll ein Mikromontage-Planungssystem entwickelt werden, das den Anforderungen aus Abschnitt 3.3 gerecht wird. Diese sind:

- Berücksichtigung der Besonderheiten der Mikrowelt
- monodirektionale, nichtlineare Pläne (vgl. 3.3)
- integrierte Sensoreinsatzplanung
- mögliches Wiederaufsetzen des Planers im Fehlerfall

Wie bereits erwähnt, wurde aufgrund seiner Anschaulichkeit die Methode der UND/ODER-Graphen [HS91] als Repräsentationsform der Montagepläne gewählt [Fat99], [SFM+98], [WSF99], [SFM97]. Es existiert eine Vielzahl von anderen Verfahren, beispielsweise [Lyo90], die auch teilweise sensorische Überwachung berücksichtigen, jedoch an die restlichen Besonderheiten der Mikromontage nicht ohne weiteres anzupassen sind.

6.1 Welt- und Produktmodell

Die Grundlage für eine automatisierte Planung von Montageprozessen sind Modelle der zu montierenden Baugruppen, der zur Verfügung stehenden Roboter, Sensoren und Montagehilfen. Diese werden im Welt- und Produktmodell gespeichert.

Daher sollen nun zunächst einige Definitionen, die für die weiteren Beschreibungen und Umwandlung des Montageplans in computerlesbare Form notwendig sind, eingeführt werden.

Definition 11 (Baugruppe, Teilbaugruppe) *Die Menge der Teile einer zu montierenden Baugruppe sei als* $B = \{p_1, \ldots, p_N\}$ *bezeichnet und sämtliche Teile und Teilbaugruppen einer Baugruppe als Konfigurationsraum* $\Delta(B)$. *Jedes Teil kann trivialerweise als eine primitive Teilbaugruppe betrachtet werden.*

Damit ist die Menge der zu montierenden Teile definiert. Um die Montage während ihrer Durchführung beschreiben zu können, sei definiert:

Definition 12 (Konfiguration) *Eine Konfiguration* $\Theta_k \in \Delta(B)$ *ist die Menge der Teilbaugruppen, aus der die Baugruppe B nach k Montageschritten besteht. Die Anfangskonfiguration, also der Initialzustand, in dem kein Bauteil mit einem anderen Teil verbunden ist, ist somit* $\Theta_0 = \{\{p_1\}, \ldots, \{p_N\}\}$. *Die Endkonfiguration* $\Theta_f = \{\{p_1, \ldots, p_N\}\} = B$ *beschreibt die vollständig montierte Baugruppe B. Die Anzahl der Teilbaugruppen der Konfiguration* Θ_k *sei mit* N_k *bezeichnet (also ist* $N_0 = N$ *und* $N_f = 1$*).*

Mittels einer Konfiguration Θ_k repräsentiert also der Montageplaner nach k Montageschritten den Zustand der Baugruppen. Die folgende Definition entspricht der Anschauung:

Definition 13 (Montageoperation) *Eine Montageoperation bezeichnet eine Fügeoperation zwischen zwei Teilen bzw. zwei Teilbaugruppen* θ_i *und* θ_j *einer zu montierenden Baugruppe. Das Ergebnis einer Montageoperation ist eine neue Teilbaugruppe* $\theta_v = \theta_i \cup \theta_j$.

Um dem Montageplaner die Einschränkungen formal spezifizieren zu können, muss in jedem Schritt die Durchführbarkeit gegeben sein:

Definition 14 (Durchführbarkeit) *Eine Montageoperation ist dann* **durchführbar**, *wenn sie an bestehenden Montagerestriktionen (etwa Teile- und Arbeitsraumgeometrie, mikroskopische Montagesicherheit, Überwachungsmöglichkeiten oder Roboter- bzw. Greiferfähigkeiten) nicht scheitert.*

Das Ergebnis des Planungsprozesses ist ein Montageplan bestehend aus mindestens einer Montagefolge:

Definition 15 (Montagefolge) *Eine Montagefolge bezeichnet eine geordnete Folge von Montageoperationen. Eine* **korrekte** *Montagefolge ist eine Folge durchführbarer Montageoperationen.*

Definition 16 (Montageplan) *Ein Montageplan einer Baugruppe beinhaltet eine oder mehrere korrekte Montagefolgen, die von der Anfangskonfiguration (Menge von Teilen) über den Konfigurationsraum zur Endkonfiguration der Baugruppe führen.*

Mittels dieser Definitionen kann nun ein **Mikromontagemodell** $\mathcal{M}_B$ einer zu montierenden Baugruppe B als 5-Tupel eingeführt werden:

$$\mathcal{M}_B = (\Theta, G, SC, SL, \Pi), \tag{6.1}$$

dabei ist

Θ: die Menge aller möglichen Konfigurationen der Baugruppe B, $\Theta \in \Delta(B)$,

G: das geometrische Modell der Baugruppe B,

SC: die Menge der möglichen Verbindungen im Konfigurationsraum $\Delta(B)$,

SL: die Menge der Montagerestriktionen durch die Montagestation und die Baugruppe selbst sowie

Π: die Menge der korrekten Montagefolgen.

Die Montageplanung besteht nun darin, basierend auf Θ, G und SC die Menge Π von Montagefolgen so zu bestimmen, dass sie zu SL nicht im Widerspruch steht. Die Restriktionen SL der Mikromontage werden durch die Anwendung aufgabenspezifischer Durchführbarkeitskriterien bestimmt. Die optimale Montagefolge Π_{opt} wird anschließend aus der Menge Π anhand der gegebenen Optimierungskriterien bestimmt.

Ein wesentlicher Unterschied zwischen der Makro- und der Mikromontage **liegt in den Kriterien der Durchführbarkeit und der Optimierung der Montagefolgen**. Bei der Durchführung einer Mikromontage spielen die in Abbildung 2.2 illustrierten Skalierungseffekte, die Implementierung der eigentlichen Montagestation bzw. der Roboter und Greifer sowie die Möglichkeiten zur sensorischen Überwachung des Montageablaufs eine zentrale Rolle. Aus diesem Grund sollen im Folgenden zunächst diese für die Mikromontage entscheidenden Kriterien definiert werden, ausgehend von den Durchführbarkeitskriterien für die Mikromontage.

6.2 Definition von Durchführbarkeitskriterien

6.2.1 Geometrische Durchführbarkeit

Um die geometrische Durchführbarkeit einer Mikromontageoperation formalisieren und so einem computerbasierten Montageplaner zugänglich machen zu können, muss die *Separationsfreiheit*[1] für jede Teilbaugruppe (und damit jedes Bau-

---

[1] in Anhang B findet sich ein Beispiel, anhand dessen die Formalismen in diesem Kapitel an einem einfachen Montagebeispiel nachvollzogen werden können

teil) während der Durchführung der Montageoperation betrachtet werden. Die **Separationsfreiheit** $\vec{f_k}$ einer Teilbaugruppe θ_i bezüglich einer Teilbaugruppe θ_j in der Konfiguration $\Theta_k \in \Theta$ im kartesischen Raum sei als 6-Tupel definiert:

$$\vec{f_k}(\theta_i/\theta_j) = (d_{+x}, d_{-x}, d_{+y}, d_{-y}, d_{+z}, d_{-z}). \quad (6.2)$$

Dabei bedeutet $d_{+p} = 1$, dass die Teilbaugruppe θ_i von der Teilbaugruppe θ_j in positiver Richtung der Koordinatenachse p trennbar ist; ist der Wert Null, so ist diese Trennung nicht möglich.

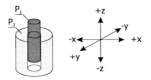

Abbildung 6.1: Separationsfreiheit zweier Bauteile

Abbildung 6.1 verdeutlicht die Funktion $\vec{f_k}$ anhand eines Beispiels. Hier ist $\vec{f_k}(P_1/P_2) = (0, 0, 0, 0, 1, 1)$, da P_1 entlang der z-Achse in beiden Richtungen durch P_2 geführt werden kann. Für $i = j$ ist $\vec{f_k}(\theta_i/\theta_j) = (0, 0, 0, 0, 0, 0)$ und für zwei Baugruppen θ_i und θ_j, die in der Endkonfiguration Θ_f nicht verbunden sind, gilt $\vec{f_k}(\theta_i/\theta_j) = (1, 1, 1, 1, 1, 1)$.

Um die korrekte Durchführbarkeit einer Montageoperation gewährleisten zu können, muss jeweils die *Manipulationsfreiheit* gewährleistet sein. Diese kann durch die Freiheitsgrade des Mikromanipulators und bestehende Greifmöglichkeiten eingeschränkt sein. Formal lässt sie sich wie folgt beschreiben:

Die **Manipulationsfreiheit** einer gegriffenen Teilbaugruppe θ_i bezüglich der Teilbaugruppe θ_j in der Konfiguration Θ_k wird durch ein 6-Tupel

$$\overrightarrow{fm_k}(\theta_i/\theta_j) = (d_{+x}, d_{-x}, d_{+y}, d_{-y}, d_{+z}, d_{-z}) \quad (6.3)$$

dargestellt. Analog zu $\vec{f_k}$ beschreibt dieses Tupel die Bewegungsmöglichkeiten der gegriffenen Teilbaugruppe θ_i entlang der Koordinatenachsen: Ist $d_p = 1$, so ist θ_i in Richtung p verschiebbar, sonst ist $d_p = 0$.

Betrachtet man die Baugruppe aus Abbildung 6.1 und geht davon aus, dass P_1 am oberen Ende von einem Robotergreifer gehalten wird, so ist $\overrightarrow{fm_k}(P_1/P_2) = (0, 0, 0, 0, 0, 1)$, da bei dieser Konfiguration P_1 nur in Richtung der negativen z-Achse in P_2 gefügt werden kann. Auch hier gilt $\overrightarrow{fm_k}(\theta_i/\theta_j) = (0, 0, 0, 0, 0, 0)$ für

6.2 Definition von Durchführbarkeitskriterien

$i = j$ und $\vec{f}_k(\theta_i/\theta_j) = (1,1,1,1,1,1)$ für in der Endkonfiguration unverbundene Teilbaugruppen.

Zur besseren Handhabbarkeit lassen sich die Tupel 6.2 und 6.3 für eine Konfiguration Θ_k zu Matrizen zusammenfassen:

$$\overrightarrow{MF_k} = (mf_{k,ij}); \overrightarrow{MFM_k} = (mfm_{k,ij}), \quad (6.4)$$

wobei

$$mf_{k,ij} = \vec{f}_k(\theta_i/\theta_j), \quad (6.5)$$
$$mfm_{k,ij} = \overrightarrow{fm_k}(\theta_i/\theta_j). \quad (6.6)$$

Die Elemente dieser Matrizen lassen sich in jeder beliebigen Konfiguration Θ_k aus den Vorgängern bestimmen. Seien die laufenden Nummern der Elemente in Teilbaugruppe θ_s durch den Vektor I_s wie folgt gegeben:

$$I_s = (I_{s,x}), x = 1, \ldots, M_s. \quad (6.7)$$

wobei M_s die Anzahl der Elemente der Teilbaugruppe θ_s angibt und $I_{s,x}$ die laufende Nummer des Teils aus Θ_0, das das Teil Nummer x in der Teilbaugruppe θ_s ist. Mittels 6.7 lässt sich θ_s wie folgt darstellen:

$$\theta_s = \{p_{I_{s,x}} | x = 1, \ldots, M_s\}. \quad (6.8)$$

Daraus ergeben sich die folgenden Berechnungsvorschriften für $\vec{f}_k(\theta_i/\theta_j)$ und $\overrightarrow{fm_k}(\theta_i/\theta_j)$ durch die Matrizen $\overrightarrow{MF_0}$ und $\overrightarrow{MFM_0}$:

$$\vec{f}_k(\theta_i/\theta_j) = \bigwedge_{l=1}^{M_i} \bigwedge_{m=1}^{M_j} \vec{f}_0(p_{I_{i,l}}/p_{I_{j,m}}) \quad (6.9)$$

$$\overrightarrow{fm_k}(\theta_i/\theta_j) = \bigwedge_{l=1}^{M_i} \bigwedge_{m=1}^{M_j} \overrightarrow{fm_0}(p_{I_{i,l}}/p_{I_{j,m}}). \quad (6.10)$$

Da sämtliche Vektoren und Matrizen binärwertig sind, vereinfachen sich die Berechnungen erheblich; sie sollen hier als aussagenlogische Variablen betrachtet werden mit der Interpretation $1 \equiv wahr$ und $0 \equiv falsch$, somit sind die booleschen Operatoren $\wedge, \vee, \ldots$ in gewohnter Weise anwendbar. Mittels der Berechnungsvorschriften 6.9 und 6.10 lassen sich in der Implementierung des Planers die Matrixberechnungen wesentlich beschleunigen.

Anschaulich bedeutet die geometrische Durchführbarkeit einer Montageoperation op_i, dass es eine für Baugruppen und Roboter kollisionsfreie Bahn gibt, über die die Verbindung der beiden beteiligten Baugruppen hergestellt werden kann. Dazu gibt es für alle op_i eine Menge an Vorbedingungen in Form von Montageoperationen, die vor op_i durchgeführt werden müssen. Gleichzeitig ist auch die Operation op_i möglicherweise Vorbedingung für andere Montageoperationen, die demnach **nach** op_i stattfinden. Die Separationsfreiheit $\vec{f}_k(\theta_i/\theta_j)$ gibt an, ob die Vorbedingung für θ_i und θ_j erfüllt ist: Ist $\vec{f}_k(\theta_i/\theta_j) = \vec{0}$, so ist die Fügeoperation zwischen θ_i und θ_j in Konfiguration Θ_k geometrisch unmöglich.

Die bisherigen Definitionen zur Montierbarkeit zweier Teilbaugruppen berücksichtigen noch keine Spezifika der Mikroroboter, wie etwa fehlende Freiheitsgrade der Manipulationseinheiten oder der Roboter insgesamt. Dies soll im Folgenden eingeführt werden, indem die Manipulationsfähigkeiten der vorhandenen Roboter formalisiert und dem Montageplanungssystem verfügbar gemacht werden. Sei n_r die Anzahl der in der Station aktiven Mikroroboter, so beschreibt

$$\vec{r}_t = (d_{+x}, d_{-x}, d_{+y}, d_{-y}, d_{+z}, d_{-z}), \tag{6.11}$$

die Manipulationsfähigkeit des Roboters $t, t = 1, \ldots, n_r$. Analog zu den bisherigen Definitionen sei $d_p = 1$, wenn der gegebene Roboter ein gegriffenes Teil in Richtung p bewegen kann. Für eine ausschließlich translatorisch arbeitende Manipulationseinheit eines Roboters ist damit $\vec{R} = (0, 0, 0, 0, 1, 1)$.

Ist für eine Montageoperation θ_i/θ_j eine Montagehilfe bzw. Spannvorrichtung notwendig, so schränkt diese i.a. die geometrische Durchführbarkeit der Operation ein, die formalisiert sei als:

$$\vec{FE}(\theta_i/\theta_j) = (d_{+x}, d_{-x}, d_{+y}, d_{-y}, d_{+z}, d_{-z}). \tag{6.12}$$

Zusammenfassend ist somit die geometrische Durchführbarkeit einer Operation θ_i/θ_j in Konfiguration Θ_k:

$$(\vec{f}_k(\theta_i/\theta_j) \neq \vec{0}) \wedge (\overrightarrow{fm}_k(\theta_i/\theta_j) \wedge \overrightarrow{mp} \neq \vec{0}), \tag{6.13}$$

wobei $\overrightarrow{mp}$ das Manipulationspotenzial der Station angibt:

$$\overrightarrow{mp} = (\bigvee_{t=1}^{n_r} \vec{r}_t) \wedge \vec{FE}.^2 \tag{6.14}$$

Eine Operation θ_i/θ_j ist in Θ_k durchführbar, wenn Kriterium 6.13 erfüllt ist.

---

[2]Dies gilt nur, wenn es keine zwei Roboter gibt, deren Arbeitsräume disjunkt sind; diese Voraussetzung ist in einer sinnvoll instrumentierten Mikromontagestation mit mobilen Robotern jedoch gegeben.

6.2.2 Mechanische Durchführbarkeit

Eine wichtige Eigenschaft einer Montageoperation θ_i/θ_j, die der Montageplaner zu berücksichtigen hat, ist die **mechanische Stabilität** der entstehenden neuen Teilbaugruppe $\theta_v = \theta_i \cup \theta_j$. Diese Eigenschaft einer bestimmten Verbindung, die dem Montageplaner angibt, ob ein durchführbarer Montageschritt auch in einer stabilen Teilbaugruppe resultiert, muss dem System mitgeteilt werden – zumindest in Form von Verbindungsklassen, etwa „geklebt", „gelötet", „gesteckt" oder „aufgelegt" – damit der Planer die Stabilität der neuen Baugruppe θ_v auch bei nachfolgenden Montageschritten berücksichtigen kann. Hierzu sei der Koeffizient der relativen Stabilität der Verbindung θ_i/θ_j in der Konfiguration Θ_k durch $rs_k(\theta_i/\theta_j) \in [0, 1]$ gegeben. Für eine Konfiguration Θ_k ergibt sich damit die reellwertige $N_k \times N_k$-Matrix

$$\overrightarrow{RS_k} = (rs_k(\theta_i/\theta_j)). \qquad (6.15)$$

Die Hauptdiagonale dieser Matrix ist besetzt. Gibt es keine Verbindung zwischen zwei Teilbaugruppen, so ist $rs_k(\theta_i/\theta_j) = 0$. Wie man sieht, gilt

$$rs_k(\theta_i/\theta_j) = \max_{l,m} {}^{>0}[\min(rs'_k(\theta_i, p_{I_{i,l}}), rs_0(p_{I_{i,l}}/p_{I_{j,m}}), rs'_k(\theta_j, p_{I_{j,m}}))] \qquad (6.16)$$

wobei $m \in \{1, \ldots, M_j\}$ und $l \in \{1, \ldots, M_i\}$. Der Ausdruck $rs'_k(\theta_x, p_y)$ gibt die Stabilität des Bauteils p_y in der bereits montierten Teilbaugruppe θ_x an:

$$rs'_k(\theta_x, p_y) = \max_{p_z \in \theta_x} {}^{>0}[\min(rs'_k(\theta_w, p_z), rs'_k(p_z, p_y))] \qquad (6.17)$$

Die rs'_k werden somit in jeder Konfiguration rekursiv berechnet; es gilt für den Basisfall $\theta_x = p_z$: $rs'_k(\theta_x, p_y) = rs_0(p_z/p_y)$.

Der Koeffizient für die mechanische Festigkeit einer Baugruppenverbindung lässt sich für die Beschränkung des Suchraumes für den nächsten Montageschritt einsetzen: Wenn der Grenzwert der Stabilität der Verbindung θ_i/θ_j in Konfiguration Θ_k durch Δ_{ij}^k gegeben ist, kommen als mögliche nächste Montageoperationen nur solche in Frage, für die gilt: $rs_k(\theta_i/\theta_j) \geq \Delta_{ij}^k$.

Ein zusätzliches Kriterium für die Bewertung der Stabilität von Verbindungen ist die Definition einer Menge U_k der instabilen mechanischen Verbindungen in einer bestimmten Konfiguration Θ_k. Ist für eine Konfiguration Θ_k beispielsweise das Tupel $(-, -, -, -, -, 1) \in U_k$ (hierbei steht $-$ für *don't care*), so berücksichtigt der Planer keine Verbindungen, für die $F(\theta_i/\theta_j) \in U_k$, bei denen also Baugruppe i in negativer z-Richtung verschiebbar ist (die also nach unten aus der Baugruppe j herausfallen kann)[3].

---
[3] dies dürfte i.a. für alle Konfigurationen der Fall sein

Insgesamt ergibt sich für die mechanische Durchführbarkeit einer Montageoperation:
$$(rs_k(\theta_i/\theta_j) \geq \Delta_{ij}^k) \wedge (\vec{f_k}(\theta_i/\theta_j) \notin U_k). \quad (6.18)$$
Eine Montageoperation (θ_i/θ_j) ist genau dann mechanisch durchführbar, wenn Kriterium 6.18 erfüllt ist.

6.2.3 Skalierungsbedingte Durchführbarkeit

Ein Hauptmerkmal eines Montageplaners für die Mikromontage muss die in den vorangegangenen Kapiteln diskutierte Berücksichtigung der Besonderheiten in der Mikrowelt sein. Wie in Abschnitt 4.5.1 gezeigt, sind alle Montageprimitive, die für das Fügen zweier Baugruppen relevant sind, mindestens partiell skalierungsvariant. Nach Definition der Mikromontageprimitive (Def. 7, S. 43) ist für die Durchführung eines Mikromontageschritts $X = (\theta_i/\theta_j)$ eine Vorbedingung V zu beachten, die, wie oben gezeigt, die sensorische Prozessüberwachung für jeden Arbeitsschritt fordert (diese ist Gegenstand des folgenden Abschnitts 6.2.4). Eine weitere Bedingung für die Basisbaugruppe θ_j ist, dass sie hinreichend groß dimensioniert sein muss, so dass die Oberflächenkräfte relativ zur Gravitation möglichst klein sind.

Diese Bedingung wird wie folgt formalisiert: Der Suche der nächsten durchführbaren Montageoperationen θ_i/θ_j in Konfiguration Θ_k wird auf diejenigen Operationen eingeschränkt, für die gilt:

$$\theta_j \in BIG_k. \quad (6.19)$$

Die Menge BIG_k enthält also diejenigen Teilbaugruppen, die sich wie makroskopische Objekte „verhalten". Dabei gilt für den nächsten Montageschritt, falls $\theta_j \in BIG_k$: $\theta_v = (\theta_i \cup \theta_j) \in BIG_k$. Das heißt, dass eine Teilbaugruppe durch das Hinzufügen eines Bauteils ihre skalierungsbedingte Handhabungsfähigkeit nicht einbüßt. In Analogie zu den obigen Durchführbarkeitskriterien wird das Prädikat SKA_k definiert, das die skalierungsbedingte Durchführbarkeit in Konfiguration Θ_k angibt:

$$SKA_k(\theta_i/\theta_j) = \theta_j \in BIG_k. \quad (6.20)$$

Die Erstellung der initialen Menge BIG_0 erfordert Expertenwissen, da sie festlegt, bei welchen Bauteilen Skalierungseffekte auftreten können. Es ist offensichtlich, dass dem System für den Fall $BIG_0 = \emptyset$ manuell so lange Montagehilfen hinzugefügt werden müssen, bis die Erstellung eines Montageplans gelingt.

Mögliche Heuristiken für die automatische Generierung von BIG_0 für ein Bauteil p mit $p \in \theta$ in Θ_0 wären:

- Das Volumen von θ ist größer Δ_{BIG}^V, beispielsweise 1,728 mm^3 (entspricht einem Würfel von 1,2 mm Kantenlänge)

- Die Masse von θ ist größer als Δ_{BIG}^{M}
- Das Produkt des Volumens und der Masse von θ ist größer als Δ_{BIG}^{VM}.

Die Auswahl einer möglichen Heuristik hängt von der Verfügbarkeit der verwendeten Daten ab (etwa ob die Masse aller Bauteile bekannt ist). Auch die Wahl der Grenzwerte Δ_{BIG} muss in Greifversuchen im Vorfeld der Montage experimentell bestimmt werden.

Eine Montageoperation (θ_i/θ_j) ist genau dann skalierungsbedingt durchführbar, wenn das folgende Kriterium 6.21 erfüllt ist:

$$SKA_k(\theta_i/\theta_j) \neq 0. \qquad (6.21)$$

6.2.4 Kontrollierbarkeit von Montageoperationen

Wie bereits in Abschnitt 3.3 beschrieben, ist für die automatische sensorunterstützte Durchführung einer Mikromontageaufgabe die permanente visuelle Überwachung zusammen mit der Anwendung eines Mikroskops erforderlich. Dies kann entweder ein optisches oder ein Rasterelektronenmikroskop sein, vergleiche Abschnitt 4.1.

Um die visuelle Kontrollierbarkeit sicherzustellen, muss in beiden Fällen die Einrichtung des Montageraumes (Roboter, Sensoren, Greifer) so an die Montageaufgabe angepasst werden, dass die zu montierenden Teile während der Montageoperation ständig im Sichtfeld des Mikroskops bleiben können. Die Kontrollierbarkeit einer Montageaktion kann der Sichtbarkeit dieser Aktion durch visuelle Sensoren aus relevanten Sichtrichtungen gleichgestellt werden, wenn entsprechende Bilderkennungsalgorithmen vorhanden sind, die die Aktion „überwachen" können.

Die bereits eingeführten Durchführbarkeitskriterien für die Mikromontage sollen nun durch das sogenannte Kontrollierbarkeitskriterium erweitert werden. Danach ist eine Montageoperation sensorisch durchführbar, wenn die vorhandenen visuellen Sensoren die ausreichende Sichtbarkeit der Montageteile zur automatischen Operationsausführung durch die Stationsroboter gewährleisten.

Um das Kontrollierbarkeitskriterium für die automatische Mikromontageplanung in geeigneter Form darzustellen, muss man die Sichtbarkeit formell beschreiben können. Zu diesem Zweck wird an dieser Stelle ein 6-Tupel eingeführt: Das Sichtbarkeits-Tupel $\overrightarrow{fv_k}(\theta_i/\theta_j)$ repräsentiert die automatische Kontrollierbarkeit der Operation (θ_i/θ_j) in der Konfiguration Θ_k in verschiedenen Sichtrichtungen im kartesischen Raum:

$$\overrightarrow{fv_k}(\theta_i/\theta_j) = \{d_{+x}, d_{-x}, d_{+y}, d_{-y}, d_{+z}, d_{-z}\}. \qquad (6.22)$$

Hier ist $d_p = 1$, wenn die Montageoperation in Richtung p für die visuellen Sensoren sichtbar ist; anderenfalls ist $d_p = 0$. Aus programmiertechnischen Gründen gelte $\overrightarrow{fv_k}(\theta_i/\theta_i) = (1,1,1,1,1,1)$. Die Aussage „eine Montageoperation ist in Richtung p sichtbar" bedeutet hier: Wird die Sichtbarkeit in diese Richtung durch die Sensoren gewährt, dann kann diese Operation automatisch sensorgestützt ausgeführt werden.

Anhand der Beziehung 6.22 kann jetzt das Kontrollierbarkeitskriterium wie folgt formuliert werden:

$$[\overrightarrow{fv_k}(\theta_i/\theta_j) \wedge \overrightarrow{msv}] \neq \vec{0}. \qquad (6.23)$$

Das 6-Tupel $\overrightarrow{msv}$ stellt hier das gesamte visuell-sensorische Potenzial der Station dar:

$$\overrightarrow{msv} = \{d_{+x}, d_{-x}, d_{+y}, d_{-y}, d_{+z}, d_{-z}\}, \qquad (6.24)$$

wobei $d_p = 1$, wenn die Gesamtheit der Sensoren der Station eine Überwachung in Richtung p ermöglicht; anderenfalls ist $d_p = 0$. Wenn beispielsweise eine Mikromontageaufgabe in einer Montagestation durchgeführt wird, in der das lokale Sensorsystem aus einem mit einer CCD-Kamera ausgerüsteten optischen Mikroskop besteht, dann gilt: $\overrightarrow{msv} = (0,0,0,0,0,1)$. Somit ist die Montageoperation (θ_i/θ_j) in der Konfiguration Θ_k genau dann sensorisch durchführbar, wenn das Kriterium 6.23 für sie erfüllt ist.

Alle Tupel $\overrightarrow{fv_k}(\theta_i/\theta_j)$ für die Konfiguration Θ_k können in einer $(N_k \times N_k)$-Sichtbarkeitsmatrix zusammengefasst werden:

$$\overrightarrow{MFV_k} = (mfv_{k,ij}), \qquad (6.25)$$

wobei

$$mfv_{k,ij} = \overrightarrow{fv_k}(\theta_i/\theta_j).$$

Die Elemente der Matrix $\overrightarrow{MFV_k}$ lassen sich für die Konfiguration Θ_k aus der Matrix $\overrightarrow{MFV_0}$ (also aus Konfiguration Θ_0) wie folgt berechnen:

$$\overrightarrow{fv_k}(\theta_i/\theta_j) = \{\bigvee_{m=1}^{M_j} [(\bigwedge_{l=1}^{M_i} \overrightarrow{fv_0}(p_{I_{i,l}}/p_{I_{j,m}})) \wedge (\bigwedge_{n=1}^{M_j} \overrightarrow{fv_0}(p_{I_{j,n}}/p_{I_{j,m}}))]\} \vee$$
$$\{\bigvee_{l=1}^{M_i} [(\bigwedge_{m=1}^{M_j} \overrightarrow{fv_0}(p_{I_{j,m}}/p_{I_{i,l}})) \wedge (\bigwedge_{s=1}^{M_j} \overrightarrow{fv_0}(p_{I_{i,s}}/p_{I_{i,l}}))]\} \qquad (6.26)$$

Damit sind alle Durchführbarkeitskriterien für Mikromontageoperationen definiert. Diese geben die Spezifika der Mikrosystemtechnik und der mikroroboterbasierten Mikromontage wieder. Somit lässt sich das Mikromontagemodell nach Gleichung 6.1 wie folgt präzisieren:

6.3 Ermittlung von Montagefolgen

Θ: die Menge aller möglicher Konfigurationen der Baugruppe A, $\Theta \in \Delta(B)$,

G: das geometrische Modell der Baugruppe A, das durch die Matrizen $\overrightarrow{MF}$, $\overrightarrow{MFM}$ (6.4) und $\overrightarrow{MFV}$ (6.25) repräsentiert wird. Das Modell beinhaltet somit Information über die Separationsfreiheit, die Manipulationsfreiheit und die Kontrollierbarkeit jeder Fügeoperation bzw. Teilbaugruppe für alle stabilen Konfigurationen des Konfigurationsraums,

SC: die Menge möglicher Verbindungen im Konfigurationsraum $\Delta(B)$, die durch die Matrix $\overrightarrow{RS}$ (6.15) repräsentiert wird. Diese Matrix beinhaltet die Information über die Stabilität der Verbindungen in jeder Teilbaugruppe für alle stabilen Konfigurationen,

SL: die Menge der Montagerestriktionen (durch die Station und Baugruppen), die durch die Mengen $\overrightarrow{mp}$ (6.14), U_k, Δ^k, BIG und $\overrightarrow{msv}$ (6.24) gegeben sind. Diese Restriktionen berücksichtigen jeweils das Manipulationspotenzial der Station, die instabilen Verbindungen in allen Konfigurationen (mechanisch und skalierungsbedingt) und das sensorische Potenzial der Station sowie

Π: die Menge korrekter Montagefolgen.

Wie bereits oben erwähnt, besteht der erste Schritt der Montageplanung für die Baugruppe B darin, basierend auf Θ, G und SC die Menge Π korrekter Montagefolgen zu finden, die an den Restriktionen SL nicht scheitern. Der nächste Abschnitt befasst sich mit der Entwicklung einer Berechnungsprozedur für diesen ersten Planungsschritt basierend auf den eingeführten Durchführbarkeitskriterien (6.13 - geometrische Durchführbarkeit), (6.18 - mechanische Durchführbarkeit), (6.19 - skalierungsbedingte Durchführbarkeit) und (6.23 - Kontrollierbarkeit).

6.3 Ermittlung von Montagefolgen

Erzeugung der Durchführbarkeitsmatrix

Für die Berechnung der Durchführbarkeit gemäß (6.13), (6.18), (6.19) und (6.23) durch ein Programm lassen sich die Kriterien jeweils mit einer booleschen ($N_k \times N_k$)-Matrix zweckmäßig darstellen:

$$\overrightarrow{GEO_k} = (g_{k,ij}), \overrightarrow{MEC_k} = (m_{k,ij}), \overrightarrow{MAK_k} = (s_{k,ij}), \overrightarrow{VIS_k} = (v_{k,ij}). \quad (6.27)$$

Dabei ist

$g_{k,ij} = 1$: wenn die geometrische Durchführbarkeit (6.13) für die Montageoperation (θ_i/θ_j) in Konfiguration Θ_k gewährleistet ist, sonst $g_{k,ij} = 0$;

$m_{k,ij} = 1$: wenn die mechanische Durchführbarkeit (6.18) für die Montageoperation (θ_i/θ_j) in Konfiguration Θ_k gewährleistet ist, sonst $m_{k,ij} = 0$;

$s_{k,ij} = 1$: wenn die skalierungsbedingte Durchführbarkeit (6.19) für die Operation (θ_i/θ_j) in Konfiguration Θ_k gewährleistet ist, also gilt: $\theta_j \in BIG_k$, sonst $s_{k,ij} = 0$;

$v_{k,ij} = 1$: wenn die Kontrollierbarkeit (6.23) für die Montageoperation (θ_i/θ_j) in Konfiguration Θ_k gewährleistet ist, sonst $v_{k,ij} = 0$.

Anhand dieser Darstellung kann die Beurteilung der Durchführbarkeit der Montageoperation (θ_i/θ_j) in Konfiguration Θ_k mit Hilfe der folgenden Beziehung durchgeführt werden:

$$g_{k,ij} \wedge m_{k,ij} \wedge s_{k,ij} \wedge v_{k,ij} = 1. \tag{6.28}$$

Um die Durchführbarkeit der Montageoperation (θ_i/θ_j) in Konfiguration Θ_k kompakt darzustellen, sei nun noch die $(N_k \times N_k)$-Matrix definiert:

$$\overrightarrow{FA_k} = (fa_{k,ij}), \tag{6.29}$$

wobei $fa_{k,ij} = g_{k,ij} \wedge m_{k,ij} \wedge s_{k,ij} \wedge v_{k,ij}$. Dementsprechend beschreibt $fa_{k,ij} = 1$ die Durchführbarkeit der Operation (θ_i/θ_j) und $fa_{k,ij} = 0$ deren Undurchführbarkeit (jeweils in Konfiguration Θ_k).

6.4 Bestimmung der optimalen Montagefolge

6.4.1 Algorithmus zur Bestimmung korrekter Montagefolgen

Bevor der Algorithmus zur Berechnung korrekter Montagefolgen angegeben wird, aus denen im folgenden Abschnitt der Optimierungsalgorithmus für die Mikromontagefolgen die optimale Montagefolge auswählt, seien zunächst noch einige Vereinbarungen getroffen, mit denen das Planungsverfahren besser nachvollziehbar wird.

Zur Erinnerung: die Länge einer Montagefolge entspreche der Anzahl der Operationen dieser Folge. Im Folgenden seien sämtliche stabilen Konfigurationen im Konfigurationsraum des gegebenen Produkts, die durch Montagefolgen der Länge l erzielt werden können, in der Menge $S\Theta_l$ zusammengefasst. Somit enthält jede Konfiguration der Menge $S\Theta_l$ genau $N - l$ Teilbaugruppen, wobei

6.4 BESTIMMUNG DER OPTIMALEN MONTAGEFOLGE

N die Anzahl der Teile in der Anfangskonfiguration ist. Dies ist anschaulich klar, da in jedem der l Montageschritte jeweils **zwei** Baugruppen zusammenmontiert werden und die Gesamtanzahl der Teilbaugruppen somit in jedem Schritt um 1 abnimmt. Es sei nun T_l die Anzahl der stabilen Konfigurationen in der Menge $S\Theta_l$ (das ist die Anzahl der Montagefolgen mit Länge l). Ferner sei N_m die Anzahl der Teilbaugruppen in Konfiguration Θ_m. Dann gilt:

$$S\Theta_l = \{\Theta_{L_{l,1}}, \Theta_{L_{l,2}}, \ldots, \Theta_{L_{l,T_l}}\}, l = 0, \ldots, N - 1; \quad (6.30)$$

$L_{l,s}$: laufende Nummer einer Konfiguration, $L_{l,s} = 0, \ldots, f$;

s: laufende Nummer der Konfiguration $\Theta_{L_{l,s}}$ in $S\Theta_l$, also $s = 1, \ldots, T_l$; und

$$\Theta_m = \{\theta_{M_{m,1}}, \theta_{M_{m,2}}, \ldots, \theta_{M_{m,N_m}}\}, m = 0, \ldots, f \quad (6.31)$$

$M_{m,z}$: laufende Nummer einer Teilbaugruppe in der Menge SA;

z: laufende Nummer der Teilbaugruppe $\theta_{M_{m,z}}$ in der Konfiguration Θ_m, also $z = 1, \ldots, N_m$.

Die Mengen SA und OP werden während der Berechnung erzeugt. Die Menge $SA = \{\theta_s | s = 1, \ldots, v\}$ der stabilen Teilbaugruppen repräsentiert die Knoten des Durchführbarkeitsgraphen. Die Menge $OP_h \subset OP = \{op_r | r = 1, \ldots, n\}$ der Vorgängeroperationen für den Knoten $\theta_h, h = N + 1, \ldots, v$, repräsentiert die Hyperkanten des Durchführbarkeitsgraphen.

Mit diesen Formalismen soll nun der Algorithmus des entwickelten Verfahrens zur Bestimmung **sämtlicher** korrekter Montagefolgen angegeben werden. Er gliedert sich in drei Schritte:

Schritt 1 (Initialisierung):

Initialisiere: Menge $\Theta_0 = \{\theta_i = p_i | i = 1, \ldots, N\}$;
Initialisiere: Matrizen $\overrightarrow{MF_0}, \overrightarrow{MFM_0}, \overrightarrow{MFV_0}$ und $\overrightarrow{RS_0}$;
Initialisiere: Menge SA der stabilen Teilbaugruppen mit Elementen von Θ_0;
Setze: $OP = \emptyset; \Pi_{0,1} = \emptyset; T_0 = 1; L_{0,1} = 0; M_{0,1} = 1, M_{0,2} = 2, \ldots, M_{0,N} = N$;
Setze: Anzahl v der Teilbaugruppen = N;
Setze: Anzahl k der Konfigurationen = 0;
  die Anzahl n der Montageoperationen = 0.

Schritt 2 (Berechnung):

Für alle $l = 1,\ldots, N-1$ wiederhole:
1) **Setze:** Anzahl der Montagefolgen mit der Länge
   $l = 0; S\Theta_l = \emptyset; L_{l,1} = k+1;$
2) **Für** alle $s = 1,\ldots, T_{l-1}$ wiederhole:
   a) **Setze:** $m = L_{l-1,s}$;
   b) Für Konfiguration Θ_m der Menge $S\Theta_{l-1}$ bestimme:
   alle durchführbaren Operationen,
   alle stabilen Teilbaugruppen
   und die Vorgängerfolgen mit Länge l;
   nehme neue Elemente zu OP, SA und $S\Theta_l$ hinzu.
3) **Setze:** $T_l = p$.

Durchführung des Schrittes b):
Für alle Paare $(i,j), i = 1,\ldots, N+1-l$ und
$j = i+1,\ldots, N+1-l$ wiederhole:
1) Bestimme $fa_{m,ij}$ und $fa_{m,ji}$ mittels (6.27) und (6.29)
2) **Wenn** $fa_{m,ij} \vee fa_{m,ji} = 0$, **dann** gehe zu b)
3) **Setze:** $n = n+1; k = k+1; v = v+1; p = p+1$
3) **Setze:** $I = M_{m,i}$ und $J = M_{m,j}$
5) **Erstelle:** neue Teilbaugruppe $\theta_v = \theta_i \cup \theta_j$
6) **Wenn** es ein Element $\theta_z \in SA | \theta_z = \theta_v$ gibt,
   dann setze: $h = z$ und $v = v-1$;
   sonst setze: $h = v, OP_v = \emptyset, SA = SA \cup \theta_v$
7) **Erstelle:** neue Konfiguration Θ_k aus Θ_m, indem
   (θ_i, θ_j) durch θ_h ersetzt wird.
8) **Wenn** es ein $\Theta_z \in S\Theta_l | \Theta_z = \Theta_k$ gibt,
   dann setze: $k = k-1$;
   sonst setze: $S\Theta_l = S\Theta_l \cup \Theta_k$;
   setze: $L_{l,p} = k$;
   berechne: $\overrightarrow{MF_k}, \overrightarrow{MFM_k}, \overrightarrow{MFV_k}, \overrightarrow{MAK_k}, \overrightarrow{RS_k}$ aus
   $\overrightarrow{MF_m}, \overrightarrow{MFM_m}, \overrightarrow{MFV_m}, \overrightarrow{MAK_m}, \overrightarrow{RS_m}$ mittels
   (6.2), (6.3), (6.15), (6.19)
   und (6.26)
9) **Wenn** $fa_{m,ij} \wedge fa_{m,ji} = 1$
   dann setze: $op_n = op_n(\theta_I, \theta_J) \vee op_n(\theta_J, \theta_I)$;
   sonst setze: $op_n = op_n(\theta_I, \theta_J)$;
10) **Wenn** es ein Element $op_z \in OP | op_z = op_n$ gibt,
    dann setze: $r = z$ und $n = n-1$;

6.4 BESTIMMUNG DER OPTIMALEN MONTAGEFOLGE

      sonst setze: $r = n; OP = OP \cup op_n;$
11) **Wenn** $op_r \notin OP_h$ **dann setze:** $OP = OP \cup op_r;$
12) **Erstelle:** Menge $\Pi_{l,p} = \Pi_{l-1,s} \cup op_r$

Schritt 3 (Grapherzeugung):

Erzeuge: den vollständigen UND/ODER-Durchführbarkeitsgraphen für das Produkt:

    Die Menge $SA = \{\theta_s | s = 1, ..., \nu\}$ der stabilen Teilbaugruppen repräsentiert die Knoten des Durchführbarkeitsgraphen;

    Die Menge $OP_h \subset OP = \{op_r | r = 1, ..., n\}$ der Vorgängeroperationen für den Knoten $\theta_h, h = N+1, ..., \nu,$ repräsentiert die Hyperkanten des Durchführbarkeitsgraphen;

    Die Menge $\Pi = \{\Pi_{N-1,s} | s = 1, ..., p\}$ repräsentiert sämtliche durchführbaren Montagefolgen, die den Übergang von den Ausgangsknoten (Anfangskonfiguration = Teile) zum Endknoten (Endkonfiguration = Produkt) des Durchführbarkeitsgraphen ermöglichen.

6.4.2 Berechnung der optimalen Montagefolge

Die ständig wachsende Komplexität von Mikrosystemen verhindert die „manuelle" Suche nach der optimalen Reihenfolge der Montageschritte. Daher muss, in Analogie zur konventionellen Montageplanung, der Montageplaner in der Lage sein, aus dem Lösungsraum der Menge der möglichen Montagefolgen die optimale Folge zu bestimmen. „Optimal" bedeutet für die Mikromontage jedoch im Allgemeinen eine andere Folge als für die Makromontage.

Im vorangegangenen Abschnitt wurde gezeigt, wie die Menge Π sämtlicher durchführbarer Montagefolgen eines Produkts bestimmt werden kann. Dies bildet den ersten Schritt der Mikromontageplanung. Der nächste Schritt ist dementsprechend die Bestimmung der Montagefolge Π_{opt} aus der Menge Π, die die gewählten Optimierungskriterien am besten erfüllt.

Optimierungskriterien für die Mikromontageplanung

Ein gängiges Optimierungsverfahren besteht in der Attributierung aller Lösungsmöglichkeiten des Problems. Diese Attributierung wird spezifisch an die vorliegende Aufgabe angepasst und erlaubt eine quantitative Abschätzung der Merkmale des zu lösenden Problems. Dieses Vorgehen entspricht einer Gewichtung sämtlicher Zustandsübergänge im Lösungsraum. Die so definierten Gewichte dienen als Parameter einer Optimierungsfunktion (auch Kostenfunktion). Die Suche nach der Lösung des Optimierungsproblems besteht dann aus der Minimierung der Optimierungsfunktion.

In der konventionellen Montage werden die Gewichte der Hyperkanten des UND/ODER-Montagegraphen oft proportional zum Schwierigkeitsgrad der Verbindung sowie zu den Freiheitsgraden der gefügten Teile gewählt [HS90].

In der konventionellen Makromontage liegt das Hauptaugenmerk auf der Minimierung der Roboterbewegungen, um eine möglichst zeiteffiziente Montage zu ermöglichen [HN93]. Die Ausführungszeit der gesamten Montage hängt bei einer Mehrroboter-Montagestation jedoch nicht nur von der Summe der einzelnen Operationen ab, sondern auch vom Grad der möglichen Parallelisierung [HS91]. Weiterhin existieren Ansätze, die die Flexibilität des Montageplans anhand der Anzahl der alternativ durchführbaren Montagefolgen als Bewertungskriterium heranziehen [HS91]. So kann ein Montageplan mehrere durchführbare Folgen enthalten, die sich nur durch die Reihenfolge der Durchführung unterscheiden. Dabei ist diejenige Folge von Montageoperationen vorzuziehen, die die meisten Alternativen bei der Durchführung bietet.

Der Großteil dieser Möglichkeiten zur Attributierung des Lösungsraumes lassen sich von der Makromontage auf die Mikromontage übertragen. Es existiert kein methodischer Unterschied, lediglich mikromontagespezifische Gegebenheiten, die die Optimierungskriterien für die Mikromontageplanung bestimmen.

Die folgenden Kriterien müssen in die Ermittlung der optimalen Mikromontagefolge einfließen:

- Vermeidung unsicherer Montageschritte durch Skalierungseffekte;

- Ausführungszeit der Operation;

- Roboterbewegungsaufwand;

- Anzahl der benötigten Roboter und Greifer.

- Aufwand für notwendige Greiferwechsel[4];

---

[4]die durch den Wechsel des aktiven Roboters realisiert werden müssen, da mobile Mikroroboter i.a. über keine Greiferwechselvorrichtungen verfügen

6.4 BESTIMMUNG DER OPTIMALEN MONTAGEFOLGE

- Schwierigkeitsgrad der Verbindung;
- Freiheitsgrade der gefügten Teile;
- Flexibilität der Montage, d.h. alternative Montagemöglichkeiten;

Das zu lösende Optimierungsproblem, also die Ermittlung der diesen Kriterien am besten genügenden Mikromontagefolge, kann wie folgt formuliert werden:

$$j = \min(j_1, \ldots, j_p), \tag{6.32}$$

dabei ist

j_k: die Kostenfunktion der Montagefolge k;

p: die Anzahl der korrekten Montagefolgen für die Mikromontageaufgabe.

Die Kostenfunktion einer Montagefolge lässt sich folgendermaßen definieren:

$$j_k = a_1 y_k + a_2/v_k + a_3 z_k \tag{6.33}$$

mit

y_k: $\sum_{r=1}^{l_k} c_r$;

c_r: Kosten der Montageoperation r;

l_k: Anzahl der Operationen in der Folge k;

v_k: Anzahl der alternativen Folgen, die sich nur durch die Reihenfolge der Operationen von der Folge k unterscheiden;

z_k: Parallelisierungsgrad der Folge k in einer Mehrroboter-Station;

a_i: Gewichtskoeffizienten, $a_i \in [0, 1]$, $a_1 + a_2 + a_3 = 1$.

Die Kostenfunktion c_r der Operation r, die das Gewicht der entsprechenden Hyperkante des UND/ODER-Durchführbarkeitsgraphen angibt, kann nun mittels der oben genannten Optimierungskriterien folgendermaßen definiert werden:

$$c_r(\theta_i/\theta_j) = b_1 d_r + b_2 w_r + b_3 h_r. \tag{6.34}$$

Hier ist

d_r: Schwierigkeitsgrad der Verbindung in der Teilbaugruppe (θ_i/θ_j);

w_r: Freiheitsgrade des gefügten Teils θ_i in der Teilbaugruppe (θ_i/θ_j)

h_r: Ausführungszeit der Operation (θ_i/θ_j);

b_i: Gewichtskoeffizienten, $b_i \in [0,1]$, $b_1 + b_2 + b_3 = 1$.

Im Folgenden sollen die Kostenfunktionen (6.33) und (6.34) so definiert werden, dass sie den Spezifika der Mikromontage Rechnung tragen. Einige anwendbare Kriterien wurden bereits bei der Ermittlung korrekter Montagefolgen anhand des Mikromontagemodells in den Abschnitten 6.1 sowie 6.3 erläutert. Zunächst soll die Kostenfunktion (6.34) analysiert werden.

Der Begriff „Schwierigkeitsgrad" der Verbindung (θ_i/θ_j) deutet auf die Problematik bei der Angabe des Parameters d_r hin: Dieser kann nur eine Schätzung des Verbindungsaufwands bei der Durchführung der Operation r sein. In diese Schätzung gehen Kosten, Positionierungs- und Handhabungsaufwand sowie die Verbindungsart der Teile, etwa *Kleben*, *Löten* oder *Einpressen* [LS93] ein. Die Aufstellung dieser Größe ist offensichtlich sehr anwendungsspezifisch und verlangt Expertenwissen sowie Intuition beim Attributieren. Dies ist jedoch ein grundlegendes Problem der Montageplanung (so existieren Montageplanungssysteme, die ausschließlich auf Benutzerinteraktion basieren [HB91]). Das hier vorgestellte Planungsverfahren kommt mit einem Minimum an erforderlicher Benutzerintuition aus.

Es sei der „Schwierigkeitsgrad" der Verbindung (θ_i/θ_j) in Konfiguration Θ_k durch $cc_k(\theta_i/\theta_j)$ gegeben. Dann lässt sich der Schwierigkeitsgrad aller mechanischen Verbindungen in Konfiguration Θ_k durch eine $(N_k \times N_k)$-Matrix angeben:

$$\overrightarrow{CC_k} = (cc_k(\theta_i/\theta_j)). \tag{6.35}$$

Es gilt $cc_k(\theta_i/\theta_j) = 0$ sowohl für $i = j$, als auch wenn die Teilbaugruppen i und j nicht montiert werden müssen (also in der Endkonfiguration nicht in Verbindung stehen). Für $k > 0$ lassen sich die Matrizen $\overrightarrow{CC_k}$ wie folgt berechnen:

$$cc_k(\theta_i/\theta_j) = \sum_{l=1}^{M_j} \sum_{m=1}^{M_i} cc_0(p_{I_{j,l}}/p_{I_{i,m}}). \tag{6.36}$$

Hierbei ist M_s die laufende Nummer des Teils in der Teilbaugruppe θ_s. Insgesamt lässt sich der Parameter d_r über cc_k angeben: $d_r = cc_k(\theta_i/\theta_j)$.

Der Kostenanteil der Montageoperation (θ_i/θ_j) bezüglich der Freiheitsgrade des gefügten Teils θ_i kann direkt aus $\overrightarrow{fm_k}(\theta_i/\theta_j)$, also aus der Manipulationsfreiheit der gegriffenen Teilbaugruppe θ_i relativ zur Teilbaugruppe θ_j in der Konfiguration Θ_k, abgeleitet werden:

$$w_r = 1 - D/6, \tag{6.37}$$

6.4 BESTIMMUNG DER OPTIMALEN MONTAGEFOLGE

dabei ist $D = d_{+x} + d_{-x} + d_{+y} + d_{-y} + d_{+z} + d_{-z}$. In den Parameter w_r geht somit die vorhandene Flexibilität bei der Durchführung einer Montageoperation in der Station ein.

Der Parameter h_r der Kostenfunktion (6.34), der die Ausführungszeit der Operation r angibt, sei über eine $(N_k \times N_k)$-Matrix wie folgt angegeben:

$$\overrightarrow{HM_k} = (hm_{k,ij}(\theta_i/\theta_j)), \quad (6.38)$$

$$hm_{k,ij} = \gamma \Delta S_{ij}/\Delta S_{max} +$$
$$(1-e)[e_x \Delta \theta_{x_{ij}} + e_y \Delta \theta_{y_{ij}} + e_z \Delta \theta_{z_{ij}}]/180°. \quad (6.39)$$

Dabei gibt ΔS_{ij} den Abstand zwischen den unmontierten Teilbaugruppen θ_i und θ_j an; ΔS_{max} den maximal möglichen Abstand zwischen zwei Teilbaugruppen im Arbeitsraum der Station, $\Delta \theta_{x_{ij}}$ und $\Delta \theta_{y_{ij}}$ sowie $\Delta \theta_{z_{ij}}$ die Rotationswinkel der Teilbaugruppe θ_j jeweils um die x-, y- und z-Achse bei der Operation (θ_i/θ_j). $e \in [0,1]$ und e_p sind Koeffizienten zur Gewichtung mit $e_x + e_y + e_z = 1$.

Beim Übergang von einer Konfiguration Θ_z zu einer neuen Konfiguration Θ_s durch die Operation $\theta_v = \theta_i \cup \theta_j$ können die Elemente der Matrix $\overrightarrow{HM_s}$ aus den Matrixelementen hm_z berechnet werden:

$$hm_{s,uv} = hm_{z,ui}; hm_{s,vu} = hm_{z,iu}. \quad (6.40)$$

Formel (6.38) kann direkt zur Bewertung der Ausführungszeit einer Montageoperation herangezogen werden, es sei daher $h_r = hm_{k,ij}(\theta_i/\theta_j)$.

Die Kostenfunktion j_k (6.33) wird i.A. hauptsächlich durch $c_r(\theta_i/\theta_j)$, also die Kosten der einzelnen Operationen bestimmt. Dies ändert sich beim Einsatz mehrerer Roboter, da dann mehrere Montageschritte parallel durchgeführt werden können. Durch diese Parallelisierung kann ein Zeitgewinn bei Umordnung der Montageschritte erzielt werden. Dieser Aspekt, der durch den Parallelisierungsgrad z_k in (6.33) beschrieben wird, spielt daher für eine Mikromontagestation mit mehreren Robotern eine große Rolle. Bei der Montage $\theta_v = \theta_i \cup \theta_j$ gebe der Parameter $W(\theta_v)$ genau diesen Faktor z_k an, also $z_k = W(\theta_v)$. Damit ist

$$W(\theta_v) = 1 + \max\{W(\theta_i), W(\theta_j)\}. \quad (6.41)$$

Für die Ausgangskonfiguration Θ_0 ist $W(\theta_s) = 0$ für $s = 1, \ldots, N$.

Zusammenfassend wird die beste Mikromontagefolge über die Berechnung der Kostenfunktion (6.33) für alle korrekten Folgen der Mikromontageaufgabe ermittelt. Das Hauptmerkmal des im Folgenden angegebenen Berechnungsalgorithmus ist die *bottom-up* Arbeitsweise. Diese erlaubt es, bei jeder Iteration von den Ausgangsknoten des Durchführbarkeitsgraphen (also den Bauteilen) bis hin zu dessen Endknoten (also dem fertig montierten Produkt) nur den jeweils optimalen Zweig des Graphen zu untersuchen und nicht den gesamten Lösungsraum durchlaufen zu müssen.

Damit ist es möglich, die Suche nach der **besten** Montagefolge mit der Suche nach **sämtlichen korrekten** Montagefolgen zu kombinieren. Hierfür wird für jeden berechneten Montageschritt die Bedingung (6.33) geprüft und in den nachfolgenden Schritten jeweils nur der optimale Teilgraph berücksichtigt. Diese Beschneidung des Suchraums macht außerdem die **Neuplanung im Fehlerfall** möglich, die bei einer unvorhergesehenen Situation während der Montage, etwa einem Roboterausfall oder einer Störung von außen, nötig wird. In diesem Fall kann die Montageplanung ausgehend von der letzen stabilen Konfiguration wieder aufgenommen werden. Der (mögliche) Einwand, die Beschneidung des Suchraumes wie oben angegeben, sei nur möglich, wenn die Entscheidung über die beste Montagefolge *lokal* getroffen werden kann, ist richtig. Die Kostenfunktion (6.33) erfüllt jedoch diese Prämisse und ist für die Mikromontage durchaus geeignet. Erst die Einführung von Optimierungskriterien, die globale Informationen über sämtliche korrekte Folgen voraussetzt, würde die schrittweise Optimierung unmöglich machen.

Algorithmus zur Ermittlung der besten Montagefolge

Der folgende Algorithmus, der eine Erweiterung des Algorithmus 6.4.1 darstellt, wurde im Rahmen dieser Arbeit entwickelt und ermittelt die beste Montagefolge gemäß (6.33) und (6.34) aus der Menge der korrekten Folgen.

Schritt 1 (Initialisierung):

Initialisiere: gemäß Algorithmus 6.4.1
Setze: $y_0 = 0, v_0 = 1, W(\theta_i) = 0$ für $i = 0, \ldots, N$

Schritt 2 (Berechnung):

Geänderte Durchführung des Schrittes b):
Für alle Paare $(i,j), i = 1, \ldots, N+1-l$ und
$\qquad\qquad j = i+1, \ldots, N+1-l$ wiederhole:
 1) **Führe aus:** Anweisungen 1)-5) von Algorithmus 6.4.1
 2) **Wenn** es ein Element $\theta_z \in SA | \theta_z = \theta_v$ gibt,
     dann setze: $h = z$ und $v = v - 1$;

6.4 BESTIMMUNG DER OPTIMALEN MONTAGEFOLGE

      sonst setze: $h = v, OP_v = \emptyset, SA = SA \cup \theta_v$;
      berechne: $W(\theta_v)$ mittels (6.41)

3) **Führe aus:** Anweisungen 7)-9) von Algorithmus 6.4.1
4) **Wenn** es ein Element $op_z \in OP | op_z = op_n$ gibt,
    dann setze: $r = z$ und $n = n - 1$;
    sonst setze: $r = n; OP = OP \cup op_n$;
    berechne: $c_r(\theta_i / \theta_j)$ mittels (6.34)
5) **Wenn** $op_r \not\in OP_h$
    dann setze: $OP = OP \cup op_r$;
6) **Erstelle:** Menge $\Pi_{l,p} = \Pi_{l-1,s} \cup op_r$
7) **Setze:** $y_p = y_s + c_r$;
    $v_p = v_s$;
    $z_p = W(\theta_v)$ für die Folge $\Pi_{l,p}$;
  berechne: j_p mittels (6.33)
8) Prüfe für die Folge $\Pi_{l,p}$, ob es alternative korrekte Folgen gibt, die den Übergang zur Teilbaugruppe θ_h ermöglichen. Wenn ja, bestimme optimale Folge mittels (6.32)

Durchführung des Schrittes 8):
Für alle $t = 1, \ldots, p - 1$ wiederhole:
  a) **Wenn** $(op_r \in \Pi_{l,t}$ und $j_p < j_t)$
      dann setze: $\Pi_{l,t} = \Pi_{l,p}; \Theta_{l,t} = \Theta_k; p = p - 1; k = k - 1$;
      gehe zu 8)
  b) **Wenn** $(op_r \in \Pi_{l,t}$ und $j_p > j_t)$
      dann setze: $p = p - 1; k = k - 1$; **gehe zu** 8)
  c) **Wenn** $(op_r \in \Pi_{l,t}$ und $j_p = j_t)$
      dann:
          Wenn $\Pi_{l,t}$ eine Permutation von $\Pi_{l,p}$ ist,
          dann setze: $v_t = v_t + 1; p = p - 1; k = k - 1$;
             berechne: j_t;
             gehe zu 8)
  d) **Wenn** Operation l von $\Pi_{l,t}$ den Übergang zu θ_h herbeiführt,
      dann:
          Wenn $j_p < j_t$
             dann setze: $\Pi_{l,t} = \Pi_{l,p}; \Theta_{l,t} = \Theta_k; p = p - 1$;
                   $k = k - 1$;
             gehe zu 8)
          sonst:
          Wenn $j_p > j_t$

dann setze: $p = p - 1; k = k - 1;$
gehe zu 8)

Schritt 3 (Grapherzeugung):

Erzeuge: den vollständigen UND/ODER-Durchführbarkeitsgraphen für das Produkt:

Die Menge $SA = \{\theta_s | s = 1,\ldots,\nu\}$ der stabilen Teilbaugruppen repräsentiert die Knoten des Durchführbarkeitsgraphen;

Die Menge $OP_h \subset OP = \{op_r | r = 1,\ldots,n\}$ der Vorgängeroperationen für den Knoten $\theta_h, h = N+1,\ldots,\nu$, repräsentiert die Hyperkanten des Durchführbarkeitsgraphen;

Die Menge $\Pi_{opt} = \{\Pi_{N-1,s} | s = 1,\ldots,p\}$ repräsentiert die durchführbaren und im Sinne von (6.32)-(6.34) optimalen Montagefolgen, die den Übergang von den Ausgangsknoten (Anfangskonfiguration = Teile) zum Endknoten (Endkonfiguration = Produkt) des Durchführbarkeitsgraphen ermöglichen.

Wie aus diesem Algorithmus hervorgeht, können im Allgemeinen für eine Montageaufgabe mehrere gleichwertige Montagefolgen existieren, die alle die Optimierungskriterien erfüllen. Dieser (für komplexe Mikrosysteme allerdings unwahrscheinliche) Fall muss daher im Planungsalgorithmus explizit vorgesehen sein.

6.5 Dekomposition der Montagefolge

In der Mikromontagestation kommen mehrere Roboter zum Einsatz, um komplexere Montageaufgaben bewältigen zu können und einen Greiferwechsel am Mikroroboter zu vermeiden. Der Einsatz mehrerer Mikroroboter hilft auch, die Einschränkungen zu kompensieren, denen ein einzelner Roboter unterworfen ist,

6.5 DEKOMPOSITION DER MONTAGEFOLGE

wie etwa niedrige Geschwindigkeit oder kleine Kräfte. Der Einsatz der Roboter kann in einer bereits während der Planung festgelegten Reihenfolge geschehen, etwa bei Robotern, die auf spezielle Montageschritte spezialisiert sind, oder bei komplexeren Operationen, die eine Kooperation mehrerer Roboter verlangen (z.B. Löten oder Kleben). Gelten keine derartigen Anforderungen, so können Aktionen, die von mehreren Robotern gleichzeitig bearbeitet werden, angestoßen werden, die dann zu unterschiedlichen Zeitpunkten fertiggestellt sein werden.

In einer Mehrroboter-Mikromontagestation muss daher der berechnete optimale Montageplan in mehrere Teilpläne aufgeteilt werden, die dann auf die in der Station verfügbaren Roboter verteilt werden. Dabei müssen die unterschiedlichen „Fähigkeiten" der Roboter berücksichtigt werden.

6.5.1 Ermittlung von Roboter-Kandidaten und Zuteilung der Operationen

Das Merkmal der lokalen Bewertung der Montageschritte, das für die Ermittlung der optimalen Montagefolge verwendet wurde, wurde auch beim Dekompositionsverfahren beibehalten. Dies hat zur Folge, dass bereits bei der Ermittlung der nächsten optimalen Montageoperation der am besten „passende" Mikroroboter bestimmt werden kann; anschließend kann – noch während der Planerstellung – diesem Roboter der Montageschritt zugeteilt und ausgeführt werden. Diese Planung „in Echtzeit" ist eine wichtige Voraussetzung für die Neuplanung im Fehlerfall. Die lokale Zuteilung von Operationen lässt sich folgendermaßen durchführen:

- Die Roboter-Kandidaten werden aus der Menge der Stationsroboter ermittelt.

- Die Operation wird nach bestimmten Kriterien dem „optimalen" Roboter zugeteilt.

Für die Ermittlung der Roboter-Kandidaten kann das in Abschnitt 6.2.1 eingeführte 6-Tupel $\vec{r_t} = (d_{+x}, d_{-x}, d_{+y}, d_{-y}, d_{+z}, d_{-z})$ herangezogen werden. Es gibt das Bewegungspotenzial des Robotertyps t an, wobei $d_p = 1$, genau dann, wenn ein Roboter dieses Typs ein gegriffenes Teil in Richtung p bewegen kann.

Für einen Mikroroboter rob_s des Typs t lässt sich leicht prüfen, ob er in der Lage ist, die Operation op_r durchzuführen:

$$\overrightarrow{fm_k}(\theta_i/\theta_j) \wedge \vec{r_t} \neq 0. \qquad (6.42)$$

Es sei n_r die Anzahl der Roboter in der Station und n die Länge der optimalen Montagefolge. Dann gibt die folgende $(n \times n_r)$-Matrix an, welcher Roboter zur

Durchführung der Operation op_r geeignet ist:

$$\overrightarrow{TM} = (tm_{rs}), \qquad (6.43)$$

wobei $tm_{rs} = 1$ genau dann, wenn Bedingung (6.42) erfüllt ist. In dieser Zuordnungsmatrix repräsentieren Zeilen die Operationen und Spalten die Mikroroboter. Für jede Operation op_r kann so die Menge RB_r von Roboter-Kandidaten ermittelt werden, aus der dann der „optimale" Mikroroboter bestimmt werden kann.

Zur Auswahl des Roboters sei nun an dieser Stelle eine Kostenfunktion analog zur Optimierung der Montagefolgen eingeführt. Die Kosten der Ausführung der Operation $op_r(\theta_i/\theta_j)$ durch den Roboter rob_s seien durch x_{rs} gegeben. Dann lautet das Optimierungsproblem:

$$q_r = \min_{s \in RB_r} x_{rs}. \qquad (6.44)$$

Weiter sei

$$x_{rs} = \lambda \omega_{rs} + (1 - \lambda) h_{js}. \qquad (6.45)$$

Der Bewegungsaufwand des Roboters rob_s zur Durchführung der Operation op_r sei durch h_{js} gegeben, $\lambda \in [0, 1]$ ist ein Gewichtskoeffizient. Das Bewegungspotenzial des Roboters rob_s bezüglich op_r ist gegeben durch

$$w_{rs} = 1 - D/6, \qquad (6.46)$$

$D = (d_{+x} + d_{-x} + d_{+y} + d_{-y} + d_{+z} + d_{-z})$ und d_p sind die binären Komponenten des Tupels $\overrightarrow{fm_k}(\theta_i/\theta_j) \wedge \vec{r}_t$.

Der Bewegungsaufwand des Roboters zur Durchführung einer Montageoperation hängt von dessen aktueller Position und Orientierung ab. Zur Abschätzung von h_{js} sei analog zu 6.39 definiert:

$$h_{js} = \gamma \Delta S_{js}/\Delta S_{max} + (1 - e)[e_x \Delta \theta_{x_{js}} + e_y \Delta \theta_{y_{js}} + e_z \Delta \theta_{z_{js}}]/180°. \qquad (6.47)$$

Dabei gibt ΔS_{js} den Abstand zwischen Roboter rob_s und der Teilbaugruppe θ_i vor dem Zusammenfügen an. ΔS_{max} ist der maximal mögliche Abstand zwischen Roboter rob_s und der Teilbaugruppe θ_i im Arbeitsraum der Station während der Montage des Produkts. $\Delta \theta_{x_{js}}$, $\Delta \theta_{y_{js}}$ und $\Delta \theta_{z_{js}}$ sind die Rotationswinkel des Roboters rob_s jeweils um die x-, y- und z-Achse, die für das Greifen der Teilbaugruppe θ_i erforderlich sind. $e \in [0, 1]$ und e_p sind Koeffizienten zur Gewichtung mit $e_x + e_y + e_z = 1$.

Der Parameter h_{js} wird in der Station von den globalen Kameras laufend erfasst, da er sich mit jeder Roboterbewegung ändert.

6.5 DEKOMPOSITION DER MONTAGEFOLGE

Das Ergebnis der Dekomposition der optimalen Montagefolge und der Zuteilung auf die Stations-Mikroroboter kann nun mit (6.42)-(6.47) wie folgt formalisiert werden:

$$op_r(\theta_i/\theta_j) \in SP_s, \text{ wenn: } (B_s = 1) \text{ und } (tm_{rs} = 1) \text{ und } (x_{rs} = Q_r). \quad (6.48)$$

Der Status des Roboters rob_s wird durch das Binärsemaphor B_s angezeigt, welches genau dann gleich eins ist, wenn der Roboter derzeit einsatzbereit ist.

Diese Optimierungskriterien für die Zuteilung einzelner Operationen in einer Mehrroboter-Station bilden die Grundlage des folgenden Algorithmus.

6.5.2 Dekompositions-Algorithmus

Dieser Algorithmus ermittelt für jede Operation der Montagefolge den optimalen Mikroroboter aus der Menge der Roboter der Montagestation. Er bestimmt einen optimalen Roboter im Sinne des Kriteriums (6.44).

Schritt 1 (Initialisierung):

Initialisiere: Menge $\Theta_0 = \{\theta_i = p_i | i = 1, \ldots, N\}$;
Initialisiere: Matrix $\overrightarrow{MFM_0}$
Initialisiere: die Menge $ROB = \{rob1, rob2, \ldots, rob_{n_r}\}$
  der Stationsroboter
Initialisiere: die Menge $OP = \{op_r | r = 1, \ldots, n\}$
Initialisiere: die Mengen G_t und $\vec{r}_t$, $t = 1, \ldots, N_{Gr}$ mit
  N_{Gr} = Anzahl der Robotertypen, G_t der Menge
  der Mikroroboter vom Typ t.
Setze: $SP_1 = \emptyset, SP_2 = \emptyset, \ldots, SP_{n_r} = \emptyset$.

Schritt 2 (Berechnung):

Für alle $r = 1, \ldots, n$ wiederhole:
  1) **Setze:** $x = +\inf$
  2) **Berechne:** $FM(\theta_i/\theta_j)$ für die Operation
       $op_r(\theta_i/\theta_j) \in OP$ mit Hilfe von $\overrightarrow{MFM_0}$.
  3) **Für** alle $s = 1, \ldots, n_r$ wiederhole:
       a) **Setze:** $tm_{rs} = 0$

b) **Für** alle $t = 1, \ldots, N_{Gr}$ wiederhole:
   i) **Wenn** $(rob_s \in G_t) \wedge (FM(\theta_i/\theta_j) \wedge \vec{r}_t \neq 0)$
      dann setze $tm_{rs} = 1$; **gehe zu** c);
      sonst gehe zu b)
c) **Berechne:** Kostenfunktion x_{rs} mittels (6.45)
d) **Wenn** $(B_s = 1) \wedge (tm_{rs} = 1) \wedge (x_{rs} = q_r) \wedge (x_{rs} < x)$
   dann setze: $x = x_{rs}; q = s;$
4) **Erzeuge** Montageplan für rob_s: $SP_q = SP_q \cup op_r$

Die resultierende Menge $\{SP_1, SP_2, \ldots, SP_{n_r}\}$ enthält die optimalen Montagefolgen für sämtliche Mikroroboter der Station, die durch die Dekomposition der durchzuführenden Montagefolge nach Kriterium 6.44 ermittelt wurden. Die Durchführung der ermittelten Montagepläne, die auch parallel durch mehrere Stationsroboter erfolgen kann, ermöglicht den Übergang von der Ausgangskonfiguration (Teile) zur Endkonfiguration (Produkt). Die beste Montagefolge des Lösungsraums wird somit in einer Mehrroboter-Station optimal durchgeführt.

6.6 Realisierung

Der Mikromontageplaner wurde auf dem PC der Mikromontagestation implementiert. Da die vollständige Planung einer Montage offline erfolgt[5], wurde der Planer als konventionelles Programm ohne Echtzeitmodule implementiert. Durch die Architektur von RT-Linux ist es möglich, den Montageplaner auf dem Steuerungs-PC ablaufen zu lassen, ohne eine gegebenenfalls laufende Montage zu stören.

In Abschnitt 7.4 finden sich die mit dem Planer durchgeführten Versuche und die für die Planung benötigten Zeiten.

6.7 Zusammenfassung

In diesem Kapitel wurde ein Mikromontageplanungssystem entwickelt, das speziell auf die Gegebenheiten der Mikromontage zugeschnitten ist. Dieser Montageplaner optimiert die Montagefolge so, dass keine Baugruppen entstehen, die Indeterminismen bei der Handhabung durch Skalierungseffekte aufweisen. Der Planer gewährleistet weiter die Überwachbarkeit jedes Montageschrittes, um indeterministisches Verhalten von Bauteilen während jedes Montageschritts erkennen zu

---

[5]Die Montageplanung einiger weniger Bauteile lässt sich online berechnen, so etwa falls die Durchführung der Montage eine Neuplanung von Teilen der Montagesequenz erfordern sollte, die Planung einer kompletten Baugruppe muss jedoch im Allgemeinen offline erfolgen.

6.7 ZUSAMMENFASSUNG

können. Um die Montage dann in einer Mikromontagestation von mehreren Mikrorobotern parallelisiert durchführen zu können, wird die Montagefolge auf die zur Verfügung stehenden Roboter aufgeteilt und schließlich durch den Interpreter ausgeführt.

Kapitel 7

Test und Erprobung

7.1 Die verwendeten Mikroroboter

In diesem Kapitel sollen zunächst die Mikroroboter-Prototypen vorgestellt werden, die für die Validierung der im Rahmen dieser Arbeit entwickelten Konzepte eingesetzt wurden. Diese Roboter wurden in verschiedenen Szenarien in mehreren Stationen eingesetzt, die in Abschnitt 7.2 vorgestellt werden.

7.1.1 Miniman-III

Der Miniman-III-Roboter ist der am vielseitigsten einsetzbare Mikroroboter. Seine Manipulatoreinheit, bestehend aus einer Stahlkugel mit 30 mm Durchmesser, lässt sich leicht austauschen, um den Roboter so an unterschiedliche Anwendungen anzupassen. Abbildung 7.1 zeigt den weiterentwickelten Prototyp Miniman-III-2.

Dieser Mikrorobotertyp kam in allen durchgeführten Versuchen zum Einsatz: Bei der Manipulation biologischer Zellen mit einem piezoelektrisch angetriebenen Pipettengreifer (Abb. 7.1, rechts unten), bei der Montage eines Linsensystems mit einem mikrotechnisch gefertigten Spezialgreifer (Abb. 7.1, rechts oben) sowie mit einem universellen Mikrogreifer beim Einsatz im Rasterelektronenmikroskop (Abb. 7.1, links).

7.1.2 Die Linsenjustage-Einheit

Im Rahmen von [MMF02], [WSB$^+$01] wurde ein Szenario entwickelt, das die Leistungsfähigkeit des Systems basierend auf mobilen Mikrorobotern anhand einer exemplarischen Montage und Justage zweier Mikrolinsen mit einer Genauigkeit von 0,025 mrad demonstriert.

Abbildung 7.1: Miniman III-2: mit Mikrogreifer (links), Linsen-Spezial-Greifer (rechts oben) und Pipettengreifer (rechts unten)

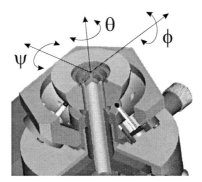

Abbildung 7.2: Die Linsenjustage-Einheit *(LAU)*

7.1 DIE VERWENDETEN MIKROROBOTER

Hierfür wurde eine spezielle Version des Miniman-III-Roboters eingesetzt, Abb. 7.2. Dieser Roboter besteht lediglich aus einer Miniman-III-Manipulationseinheit[1] und kann so eine Baugruppe während der Montage ausrichten[2]. Dieser Roboter wurde eingesetzt, um den in Abbildung 7.3 gezeigten Ablauf zu verwirklichen. Hierbei positioniert ein Miniman-III-Roboter eine Linse über einer auf der Linsenjustage-Einheit (engl. *lens alignment unit, LAU*) befindlichen Teilbaugruppe. Dann wird die Ausrichtung der Teilbaugruppe zur Linse mit einem interferometrischen Verfahren bestimmt, bis die Teile relativ zueinander auf 0,025 mrad ausgerichtet sind.

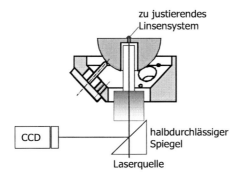

Abbildung 7.3: Justage der Linsen

7.1.3 RobotMan

Eine Variante des Miniman-III-Roboters ist RobotMan [FSF97]. Dieser verfügt über eine Positioniereinheit, an der eine Linearachse angebracht ist. RobotMan verfügt somit über vier Freiheitsgrade, drei translatorische und einen rotatorischen (x, y, z und θ).

Abbildung 7.4 zeigt RobotMan mit integriertem Kamera-Modul (rechts) und elektromotorisch angetriebenem Mikrogreifer [FDK+00]. Dieser Roboter wurde aufgrund seiner hierfür gut geeigneten Greifergeometrie auch für Versuche mit Kraftsensorik für die Mikromontage eingesetzt [Ede00], [FSF+99].

---

[1] verfügt also über drei rotatorische Freiheitsgrade
[2] und so auch den fehlenden Freiheitsgrad des Miniman-III-Roboters ausgleichen

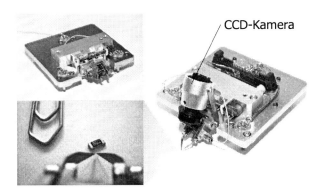

Abbildung 7.4: RobotMan (links oben), mit Kameramodul (rechts) und Bild der onboard-Kamera (links unten)

7.1.4 Miniman-IV

Eine weiter miniaturisierte Variante des Miniman-III-Roboters ist Miniman-IV, Abb. 7.5. Dieser verfügt über die gleichen Manipulationsfähigkeiten wie Robot-Man, also einen translatorischen Freiheitsgrad für die Greiferbewegung. Dieser Roboter wurde bei den Versuchen zum kooperierenden Einsatz mehrerer Roboter (vgl. 7.3.2) eingesetzt.

Abbildung 7.5: Miniman-IV (links) mit Miniman-III-2 (rechts)

7.2 Die Mikromontagestationen

Alle vorgenannten Mikroroboter kamen in unterschiedlichen Mikromontagestationen [SFF+00] zum Einsatz, die nun kurz präsentiert werden sollen. Eine mögliche Konfiguration wurde bereits in Abschnitt 4.1, Abbildung 2.7 vorgestellt. Diese wurde hauptsächlich zum Einsatz eines einzelnen Mikroroboters entwickelt. Das lokale Sensorsystem besteht aus einem Leica-Mikroskop des Typs DMR-XA (wie auch in [AJ97] eingesetzt), einem Kameraadapter und einer Sony Farb-CCD-Kamera DXC-930P mit einer Auflösung von 420 000 Pixeln sowie einem Märzhäuser MCL Positioniersystem als XY-Tisch. Diese Mikromontagestation eignet sich auch für andere Anwendungen, wie beispielsweise die Manipulation biologischer Zellen, die mit einem typischen Durchmesser von 10-100 μm (Körperzellen von Säugetieren, vgl. [MT90]) ähnliche Anforderungen an die Auflösung des handhabenden Systems stellen wie Mikrosystembauteile. Allerdings haben manche Zellen nur Durchmesser von 6 μm und die Manipulation in flüssiger Suspension erschwert einerseits die Prozessbeobachtung und andererseits die Handhabung durch hohe Adhäsionskräfte.

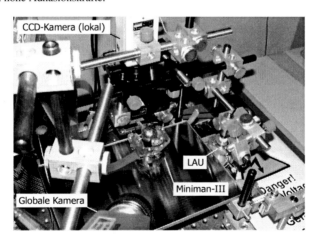

Abbildung 7.6: Mikromontagestation

Abbildung 7.6 zeigt eine weitere realisierte Mikromontagestation. In dieser kommt eine Makro-CCD-Kamera als lokales Sensorsystem zum Einsatz sowie weitere CCD-Kameras zur globalen und lokalen Beobachtung. Diese Station wurde für die Montage und Justage zweier Mikrolinsen mit der Linsenjustage-Einheit (Abschnitt 7.1.2) entwickelt [MMF02]. In dieser Mikromontagestation kommen neben lokalen Sensoren wie der Laserinterferometrie-Einheit auch weitere Stationssensoren zum Einsatz, wie ein Linienlaser zur Detektion der z-Koordinate der Greiferspitze [BF00], [FSF$^+$99].

Ein weiteres Anwendungsbeispiel der Mikroroboter ist der Einsatz im Rasterelektronenmikroskop, Abschnitt 4.1, Abb. 4.1, rechts, S. 31. Die notwendige Anpassung des Rasterelektronenmikroskops für den Einsatz der mobilen Mikroroboter besteht hauptsächlich aus der Integration einer geeigneten Plattform, Kameras und den Durchführungen für Kabel [FSF$^+$00d].

7.3 Implementierung des Steuerungssystems

7.3.1 Der Steuerungsrechner

In diesem Abschnitt soll die Implementierung der beiden in Abschnitt 4.4 entwickelten Steuerungsrechnerarchitekturen präsentiert werden.

Der hybride Parallelrechner

Die DPR-basierte Kommunikationsplatine (Abschnitt 4.4.1, Abb. 4.5) bildet die Grundlage des hybriden Parallelrechners [Fis00], [Ric99], Abb. 7.7. Auf dieser Backplane kommen Pentium Module nach dem PC104-Industriestandard zum Einsatz. Der Intel Pentium-I Prozessor mit 166 MHz Taktfrequenz erreicht eine Rechenleistung von etwa 300 MIPS[3], was für einfache Bildverarbeitungsalgorithmen ausreicht (vgl. Abschnitt 2.2.3). Um neben Bilderkennung auch Steuerungsfunktionen vom hybriden Parallelrechner durchführen zu können, müssen also weitere Pentium-Module in das System integriert werden, was durch die Backplane gerade ermöglicht wird. Die hardwarenahen Aufgaben werden von Siemens SAB C167 Mikrocontrollern übernommen, wie bereits in Abschnitt 4.4.1 entwickelt.

Der Planungsrechner und Server des hybriden Parallelrechners wurde als PC mit einem Intel-Pentium-II Prozessor mit 400 MHz realisiert. Dieser Rechner hat mit 1 200 MIPS genug Rechenleistung, um sowohl die Planung, die Neuplanung im Fehlerfall sowie bei Bedarf noch Bilderkennungsoperationen durchzuführen.

Als Steuerungsrechner der in Abbildung 7.6 gezeigten Mikromontagestation wurde ein noch leistungsfähigerer PC gewählt; hier kam ein Dual-Pentium-III mit 1 GHz pro Prozessor zum Einsatz (mit insgesamt über 4 800 MIPS). Dieser

---
[3]nach dem Dhrystone-Benchmark

7.3 IMPLEMENTIERUNG DES STEUERUNGSSYSTEMS

Abbildung 7.7: Der Steuerrechner der Mikromontagestation

Rechner stellt den Übergang zum PC-basierten Steuerungsrechner dar. Ein Computer dieser Leistungsklasse kann drei Mikroroboter steuern, regeln, die lokale [FSF+00c] und globale Positionssensorik durchführen[4] sowie deren Montageaufgaben planen.

Der PC-basierte Steuerungsrechner

Da im praktischen Einsatz die Bildverarbeitung auf den PC104-Modulen nicht möglich war (Versuche mit einer nicht busmaster-fähigen Frame-Grabber-Karte auf dem ISA-Bus haben gezeigt, dass der Transfer in den Hauptspeicher des Pentium-Moduls und die anschließende Bildverarbeitung nicht möglich sind), wurden die Bildverarbeitungs-Algorithmen auf dem Server-PC durchgeführt. Dieses System war die Grundlage für den PC-basierten Steuerungsrechner.

Für die Implementierung der Hardwareansteuerung mittels eines digitalen Signalprozessors (DSP), wie in Abschnitt 4.4.2 entwickelt, kam eine PowerDAQ-II PCI-Karte der Firma United Electronic Industries zum Einsatz. Diese basiert auf einem Motorola DSP 56301 mit 66 MHz. Dieser Prozessor erreicht einen aggregierten Durchsatz von 1 000 kSamples pro Sekunde und kann auf 32 Analogkanä-

---
[4]also die entsprechenden Bilderkennungsalgorithmen ausführen

len pro Kanal und Sekunde bis zu 100 kSamples ausgeben. Für zusätzliche Steuerungsaufgaben wie beispielsweise die Ansteuerung von Leuchtdioden lassen sich 8 Digitaleingänge und 8 Digitalausgänge verwenden.

Die Analogausgänge sind mit 16 bit doppelt so hoch aufgelöst wie im Falle des hybriden Parallelrechnerarrays. Die Genauigkeit der digital-analog-Wandlung liegt bei ± 3 LSB. Damit ist die erreichbare Bewegungsauflösung der Piezoaktoren unter 0,1 Nanometer[5].

Mit einem derart ausgestatteten Steuerungsrechner lassen sich zwei Roboter des Typs Miniman-III und eine Justage-Einheit (Abb. 7.2) gleichzeitig betreiben[6]. Prinzipiell lässt sich das System auch durch den Einsatz mehrerer DSP-Karten in einem Rechner skalieren, praktisch wird jedoch der Einsatz von mehr als zwei Karten an der Bandbreite des PCI-Busses und der Handhabbarkeit des Gesamtsystems scheitern. Die vorgestellte verteilte Systemarchitektur hebt diese Einschränkung jedoch auf; durch Vernetzung mehrerer Steuerungs-PCs lassen sich beispielsweise n Mikroroboter durch $\lceil n/2 \rceil$ Steuerungs-PCs ansteuern.

7.3.2 Roboterkooperation

Anhand der in Abschnitt 7.2 gezeigten Stationen wurden Szenarien getestet, bei denen mehrere Roboter gleichzeitig gesteuert werden mussten.

Im Fall der Linsenjustage-Station waren dies ein Miniman-III-2 Roboter, der eine Linse des Mikrolinsensystems montiert hat, und die Linsenjustageeinheit als zweiter Mikroroboter, die synchron angesteuert werden mussten, um die beiden Linsen relativ zueinander auszurichten. Die Ausrichtung wurde interferometrisch während der laufenden Operation bestimmt.

Ein weiterer Versuch bestand im Einsatz einer „helfenden Hand", [FSF+00a], [WSB+01], (vgl. auch [MTKS97]). Hierbei wurde ein Miniman-III-2 Roboter bei der Manipulation eines nur 15 µm großen Partikels von Miniman-IV unterstützt, der eine chemisch geschärfte Wolfram-Nadel gegriffen hatte. Mit dieser Nadel war es möglich, das gegriffene Partikel gezielt abzulegen, was anders aufgrund der großen Adhäsionskräfte nicht möglich gewesen wäre. Diese Sequenz wurde teleoperiert im Rasterelektronenmikroskop durchgeführt [SWK01], Abb. 7.8.

Diese Versuche wurden jeweils erfolgreich mit dem hybriden Parallelrechnerarray gesteuert. Dabei kamen bis zu vier Mikrocontroller zum Einsatz, um die zwei Roboterplattformen, die Greifer und jeweiligen Manipulatoreinheiten anzusteuern.

---

[5]und liegt damit in der Größenordnung von physikalischen Effekten wie Hysterese, thermischer Ausdehnung oder Kriechen
[6]wenn man die jeweils invertierten Signale für die Aktoren (Abb. 3.9) extern erzeugt

7.3 IMPLEMENTIERUNG DES STEUERUNGSSYSTEMS

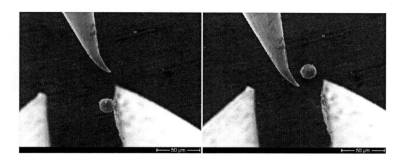

Abbildung 7.8: Kooperierende Mikroroboter: Abstreifen eines gegriffenen und anhaftenden Mikroobjekts durch einen zweiten Roboter (Miniman-IV, oben im Bild). Links: anhaftendes Partikel, Rechts: erfolgtes Abstreifen

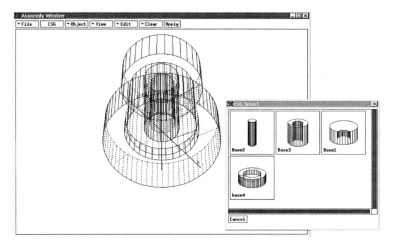

Abbildung 7.9: CAD-Modell des zu montierenden Systems

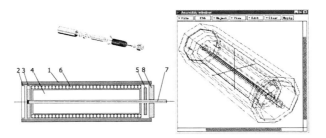

Abbildung 7.10: Aus 8 Bauteilen bestehender Mikromotor

7.4 Implementierung des Planungssystems

Der Montageplaner akzeptiert 3D-CAD-Modelle des zu montierenden Systems (vgl. auch [RFS98]). Diese werden in CSG *(Constructive Solid Geometry)* spezifiziert (vgl. Abb. 7.9, 7.10), [FSBS99], [MSF97], [MSF98]. Die in [FFS00b] vorgestellte Relationenanalyse generiert aus diesem CAD-Modell die initialen Matrizen $\overrightarrow{MF_0}$, $\overrightarrow{MFM_0}$, $\overrightarrow{MFV_0}$, die die Grundlage für die Montageplanung wie in Kapitel 6 beschrieben bilden.

Das Ergebnis des Planungsprozesses kann zunächst graphisch ausgegeben und so vom Benutzer bewertet werden, vgl. Abb. 7.11. Im folgenden Abschnitt wird die experimentelle Evaluation des implementierten Planers anhand eines Mikrosystems durchgeführt [FFS99]. Weiterhin wird dort das Zeitverhalten für die Planung sowie die benötigte Zeit für eine online-Neuplanung bei einem simulierten Roboterausfall untersucht [FSF00f].

7.4.1 Montagebeispiel

Abbildung 7.10 zeigt das zu montierende Mikrosystem, den elektromagnetischen Mikromotor der Firma Faulhaber mit einem Außendurchmesser von nur 1,9 mm, [Hag97], [Fau]. Um das Planungssystem zu testen, wurden zwei Robotergruppen definiert: $R_1 = R_2 = \{0,0,1,0,0,0\}$ und $R_3 = R_4 = \{0,0,0,1,0,0\}$ (vgl. 6.5.1, [FSF00e], [FFS00a])[7]. Abbildung 7.12 zeigt den vom Planer berechneten optimalen Montageplan, der auf drei Roboter zugeteilt wurde. Tabelle 7.1 zeigt die Durchführung des Plans durch die Roboter R_1, R_2 und R_3.

---

[7] diese „synthetische" Definition wurde gewählt, um die Neuplanung nach Ausfall eines Roboters besser beeinflussen zu können

7.4 Implementierung des Planungssystems

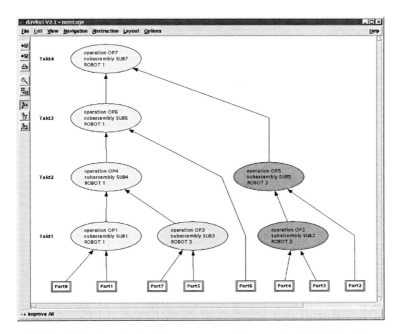

Abbildung 7.11: Ausgabe des Planungssystems: Montageplan für 3 Mikroroboter. Die Knoten des Graphen entsprechen Fügeoperationen.

7.4.2 Online Neuplanung

Um die Fähigkeit des Planungssystems zur Neuerstellung von Teilen des Montageplans während der Planausführung zu verifizieren, sei im Folgenden während der Durchführung des Schritts 1 der Ausfall der Roboter R_1 und R_2 simuliert. Dies hat zur Folge, dass der Planer den Montageplan komplett neu berechnen muss, da die verbleibenden Roboter R_3 und R_4 andere Montagefähigkeiten besitzen. Abbildung 7.13 zeigt den neu erstellten und neu zugeteilten Montageplan. Tabelle 7.2 zeigt den Ablauf der Plandurchführung mit erneuter Zuteilung der gescheiterten Schritte 1 und 2 und anschließender Neuplanung unter Berücksichtigung der zur Verfügung stehenden Roboter.
Tabelle 7.3 zeigt die Ausführungszeit der Planung (und Neuplanung) auf dem Planungsrechner, einem Pentium-II 400 MHz PC unter Linux 2.0.36.

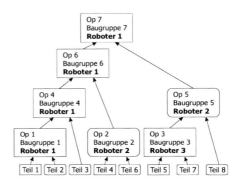

Abbildung 7.12: Optimaler Montageplan

Schritt	Roboter	Operation	Bauteil	Montage auf	ergibt	Status
1	1	1	Teil 2	Teil 1	BG1	ok
	2	2	Teil 6	Teil 4	BG2	ok
	3	3	Teil 7	Teil 5	BG3	ok
2	1	4	Teil 3	BG 1	BG4	ok
	2	5	Teil 8	BG 3	BG5	ok
3	1	6	BG 2	BG 4	BG6	ok
4	1	7	BG 5	BG 6	BG7	ok

Tabelle 7.1: Montageprotokoll

7.4 Implementierung des Planungssystems

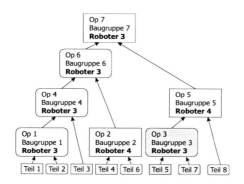

Abbildung 7.13: Neuplanung

Schritt	Roboter	Operation	Bauteil	Montage auf	ergibt	Status
1	1	1	Teil 2	Teil 1	-	Fehler
	2	2	Teil 6	Teil 4	-	Fehler
	3	3	Teil 7	Teil 5	BG3	ok
			Neue Zuteilung			
2	3	1	Teil 2	Teil 1	BG1	ok
	4	2	Teil 6	Teil 4	BG2	ok
			Neuplanung			
3	3	4	BG 1	Teil 3	BG4	ok
	4	5	BG 3	Teil 8	BG5	ok
4	3	7	BG 4	BG 2	BG6	ok
5	3	7	BG 6	BG 5	BG7	ok

Tabelle 7.2: Montageprotokoll mit Neuplanung

Anzahl Teile	Anzahl Montagesequenzen	Zeit [sec]
8	192 512	3,677321
7	12 288	0,232050
6	1 280	0,023115
5	192	0,003416
4	24	0,001002
3	4	0,000704
2	2	0,000659

Tabelle 7.3: Benötigte Rechenzeit

Kapitel 8

Zusammenfassung und Ausblick

Im Rahmen dieser Arbeit wurde ein System für die Steuerung und Planung von Mikromontagerobotern entwickelt. Die Probleme der Mikromontage lassen sich durch kleine mobile Mikromanipulationsroboter in hervorragender Weise lösen, da sie die notwendige Prozessüberwachung durch Mikroskope gewährleisten und gleichzeitig den Einsatz mehrerer Roboter ermöglichen, der zur Bewältigung von Skalierungseffekten notwendig ist.

Die Defizite der bisher verfügbaren Systeme werden damit weitgehend beseitigt: Die bisher existierenden Ansätze der Planung sind nicht ausreichend an die Besonderheiten angepasst, die die Montage von Mikroteilen erschweren. Existierende Steuerungsansätze für mobile Roboter hingegen weisen nicht die nötige Flexibilität und hohe Echtzeitfähigkeit auf, die für die Steuerung eines Mehrroboter-Mikromontagesystems notwendig wäre. Weiterhin fehlt ein durchgängiger Ansatz, der auf der Planungsebene bereits mögliche Mikroeffekte berücksichtigt, deren Auftreten minimiert und auf der Durchführungsebene spezielle, an die Mikromontage angepasste Abläufe einsetzt, um diese Effekte weiter zu verringern und schließlich beherrschbar zu machen.

8.1 Ergebnisse dieser Arbeit

Durch einen komponentenbasierten Ansatz konnte im Rahmen der vorliegenden Arbeit ein Softwaresystem entwickelt werden, das von der zugrundeliegenden Hardware weitgehend unabhängig ist. Dies wurde anhand der Implementierung auf dem hybriden Parallelrechnerarray und auf dem mit einer DSP-Karte ausgerüsteten PC gezeigt. Hier soll noch einmal der durchgängige Ansatz, der in der vorliegenden Arbeit beschrieben wurde, stichpunktartig aufgelistet werden:

- **Methodiken**
  Grundlage einer erfolgreichen Mikromontage sind Einzelschritte, die für

die Handhabung kleinster Teile geeignet sind, aus denen sich der Montageablauf „zusammensetzt". Die in der konventionellen Montage existierenden Montageprimitive wurden bezüglich ihrer Eignung für die Mikromontage analysiert und klassifiziert. Aus dieser Klassifikation ergeben sich Anforderungen an das Steuerungs- und an das Planungssystem.

- **Steuerungssoftware**
  Die Steuerungssoftware wurde als Menge von Steuerungsobjekten implementiert, die auf einem oder mehreren Rechnern ausgeführt werden kann. Um den reibungslosen Ablauf dieser Steuerungsobjekte gewährleisten zu können, wurde eine Modellierung der in der Mikromontagestation eingesetzten physikalischen Objekte durchgeführt, mit der alle denkbaren Abläufe in der Station simuliert werden konnten. Mit dem Beweis der verklemmungsfreien Kooperation der Steuerungsobjekte in allen durchführbaren Montageabfolgen kann bei Bedarf eine Echtzeitkommunikation (also eine direkte, enge Kopplung des Steuerflusses zweier Objekte) hergestellt und nach Beendigung der Kooperation wieder aufgegeben werden.

  Die Schnittstelle zwischen Steuerungssystem und Planungssystem ist eine Roboter-Interpretersprache, die parallelisierend arbeitet. Dadurch lassen sich Roboter praktisch mit Arbeitsschritten „beauftragen", die diese dann selbständig durchführen. Der Interpreter ist in der Lage, Datenabhängigkeiten zu erkennen und bei der Ausführung zu berücksichtigen. Auch eine komplett serielle Abarbeitung ist möglich.

- **Planungssoftware**
  Das Planungssystem ist so auf die Mikromontageplanung zugeschnitten, dass es neben den „klassischen" Montageplanungsaufgaben wie der Zusicherung der geometrischen und mechanischen Durchführbarkeit, auch jederzeit die Kontrollierbarkeit der Montageschritte berücksichtigt, damit das System Abweichungen vom Montageplan feststellen und gegebenenfalls umplanen kann. Die skalierungsbedingte Durchführbarkeit ist das wichtigste Optimierungskriterium für die Mikromontageplanung. Diese stellt sicher, dass keine Teilbaugruppen erstellt werden, die Skalierungseffekten unterworfen sind. Hierzu wird entweder auf eine sich „makroskopisch verhaltende" Baugruppe montiert oder vom Benutzer werden Montagehilfen angefordert.

- **Hardware**
  Da mehrere Rechnerkonfigurationen denkbar sind, die den Anforderungen gewachsen sind, die ein Mikromontage-Steuerungs- und Planungssystem stellt, wurden zwei mögliche Steuerrechner implementiert. Der erste Rechner ist ein hybrides Parallelrechnerarray, bestehend aus PC-Modulen nach

dem Industriestandard PC-104 sowie Modulen mit dem Siemens C167 Mikrocontroller. Die zweite Rechnerkonfiguration besteht aus einem PC mit einer DSP-Karte, die die hardwarenahen Steuerungsaufgaben übernimmt.

Das System wurde in Szenarien erprobt, in denen mehrere Mikroroboter eingesetzt wurden und in denen eine Kooperation von Robotern notwendig war.

8.2 Ausblick

Die in dieser Arbeit vorgestellte Systemarchitektur bildet die Grundlage für unterschiedlichste Mikromontageaufgaben. In der Simulation lassen sich auch komplexe Montagefolgen mit vier oder mehr Mikrorobotern durchführen. In der Praxis hat sich jedoch gezeigt, dass die Durchführung der Montageprimitive wie beispielsweise die klassische Bolzen-Loch-Folge im Mikrobereich hohe Anforderungen an das überwachende Sensorsystem stellt. Bereits die teleoperierte Durchführung solcher Abläufe ist ohne ausreichende Rückmeldung aus dem Montageraum für einen menschlichen Operator schwer durchführbar, geschweige denn automatisierbar. Ein Forschungsgebiet, das neben der automatisierten Mikromontage noch viele offene Fragen bietet, ist die Telemikromanipulation mit entsprechender Benutzerführung und Benutzerschnittstellen, die uns „makroskopischen Wesen" die Mikrowelt besser erfahrbar machen.

Ein wichtiger Bereich für die Automatisierung ist die Bereitstellung geeigneter Bilderkennungsalgorithmen, die den Einschränkungen gewachsen sind, die mikroskopisch gewonnene Bilddaten beinhalten. Weiterer Forschungsbedarf ist im Bereich der Sensordatenfusion bei der Mikrorobotik zu sehen, da Geschwindigkeit, Genauigkeit und Zuverlässigkeit der Operationen mit mehreren unabhängigen Sensoren von unterschiedlichen Typen (etwa optische Sensoren, Kraftsensorik, oder globale Positionssensoren) stark zunimmt. Je nach verwendetem Fusionsverfahren wird sich ein neues Reglerkonzept ergeben, beispielsweise beim Einsatz eines *Kalman-Filters*. Dieser neue, fusionierte Sensor lässt sich jedoch ohne weiteres in die Systemarchitektur integrieren.

Auch ein Positioniersystem, das die Position und Orientierung der Roboter global auf wenige Mikrometer bestimmen kann, ist für die weitere Beschleunigung der Montagefolgen unabdingbar. Dadurch könnten beispielsweise mehrere Roboter parallel exakt positioniert werden, ohne dass jedem Roboter ein lokales Sensorsystem zur Verfügung stehen müsste.

Die Mikromesstechnik ist ein weiterer Bereich, aus dem wertvolle Impulse für die Mikromontage gewonnen werden können. Wenn ein System beispielsweise in der Lage ist, aus einer Bauteilkonfiguration ein 3D-Modell zu generieren, so könnte es anschließend Aussagen über den Erfolg einer vorangegangenen Montage oder deren Misserfolg treffen.

Der erwähnte Einsatz von Rasterelektronenmikroskopen als Sensoren bringt zwar große Vorteile bezüglich der Bildqualität und Auflösung, führt jedoch neue, technologische Randbedingungen für die Montage ein, die weiterer Untersuchung bedürfen. Als Beispiele seien hier nur die Durchführung der Montage unter Vakuum oder der Einfluss des Elektronenstrahls genannt.

Die Verbesserung der Sensorik und Aktorik der Mikroroboter eröffnet darüber hinaus Anwendungsfelder, die auf der Schnittstelle zwischen der Mikrowelt und der Nanotechnologie liegen.

Abbildungsverzeichnis

1.1 Markt und Prognose für mikrotechnische Produkte 1

2.1 Kosten/Stückzahl-Verhältnis Mikrosystemen 4
2.2 Skalierungseffekte: Oberflächenkräfte vs. Volumenkräfte 5
2.3 Indeterminismen in der Mikrowelt 5
2.4 „Geläufigere" Skalierungseffekte: Wasserläufer 6
2.5 Strukturierter Robotergreifer zur Minimierung der Kontaktflächen. 7
2.6 Der mobile Mikroroboter Miniman-III 10
2.7 Schema einer Mikromontagestation 11
2.8 Klassifikation von Montageplänen 12

3.1 Zusammenhang zwischen Objektgröße und Automatisierung . . . 16
3.2 Klassifikation von Mikrorobotern nach Funktionseinheiten 18
3.3 Linearachs-Mikroroboter der Firma SPI, Oppenheim 19
3.4 Gelenk-Roboter RX60 der Firma Stäubli 20
3.5 Mikroroboter mit Parallelkinematik: Micabo E 21
3.6 Massenträgheits-Mikropositioniersystem und der TSLC 23
3.7 Prinzipskizzen der Abalone-Plattform und Micro-crawling machine 23
3.8 Piezobeinchen 24
3.9 Prinzipskizzen Roboter, Piezobeinchen, Bewegungsprinzip 25
3.10 Prinzipskizze der mobilen Mikroroboter 25
3.11 Mobile Mikroroboter der Universität Karlsruhe 26

4.1 Die Mikromontagestation am IPR 31
4.2 Systemarchitektur des Steuerungssystems 33
4.3 Systemarchitektur des Planungssystems 35
4.4 Schema des Steuerrechners, Aufbau der Rechnereinheiten 36
4.5 Mikrocontroller- und PC104-Modul mit DPR-Platinen 38
4.6 Die Kommunikationsplatine 38
4.7 Ein Steuerungsrechner auf Basis eines PCs mit einer DSP-Karte. . 39
4.8 Übersicht über die Montageprimitive 41

4.9 Angepasster Ablauf der Bolzen-Loch-Operation 43
4.10 Systemarchitektur des Planungs- und Steuerungssystems 46

5.1 Architektur des verwendeten Echtzeitbetriebssystems 49
5.2 Architektur der Steuerungsobjekte 50
5.3 Architektur des Steuerungssystems 52
5.4 Struktur der Aktorsteuerung 66
5.5 Kommunikationsmodule auf der Sensor-Aktorebene 67
5.6 Schnittstellen der Kommunikationsmodule auf Sensor-Aktorebene 68
5.7 Beispieltopologien des Steuerrechners für einen Mikroroboter . . 69
5.8 Architektur des PC-basierten Steuerungssystems 71
5.9 Realisierung der Echtzeitkommunikation 72
5.10 Ausgehandelte Echtzeitkommunikation dreier Objekte 73
5.11 Parallelisierende Ausführung: Beispiel 76
5.12 Abfolge der Roboterbewegungen aus Abb. 5.11 77
5.13 Parallelisierende Ausführung: Abhängigkeitsanalyse in Parametern 78
5.14 Abfolge der Roboterbewegungen aus Abb. 5.13 78
5.15 Ausführungsdialog des Interpreters 79

6.1 Separationsfreiheit zweier Bauteile 84

7.1 Miniman III-2 110
7.2 Die Linsenjustage-Einheit *(LAU)* 110
7.3 Justage der Linsen 111
7.4 RobotMan, Kameramodul, Bild der onboard-Kamera 112
7.5 Miniman-IV (links) mit Miniman-III-2 (rechts) 112
7.6 Mikromontagestation 113
7.7 Der Steuerrechner der Mikromontagestation 115
7.8 Kooperierende Mikroroboter: Miniman-III und Miniman-IV . . . 117
7.9 CAD-Modell des zu montierenden Systems 117
7.10 Aus 8 Bauteilen bestehender Mikromotor 118
7.11 Ausgabe des Planungssystems: Montageplan für 3 Mikroroboter . 119
7.12 Optimaler Montageplan 120
7.13 Neuplanung 121

A.1 Zustandsübergangsfunktion des Tischobjekts 134
A.2 Zustandsübergangsfunktion des Roboterobjekts 135
A.3 Zustandsübergangsfunktion des Mikroobjekts 135
A.4 Zustandsübergangsfunktion des lokalen Kameraobjekts 135
A.5 Zustandsübergangsfunktion des globalen Kameraobjekts 136
A.6 Korrespondierendes Petri-Netz für eine Mikromontagestation . . . 137
A.7 Objekt unter Mikroskop, dann Greifer unter Mikroskop 138

ABBILDUNGSVERZEICHNIS

A.8   Greifen und Absetzen unter dem Mikroskop 139
A.9   Entfernen eines Objekts aus dem Sichtbereich des Mikroskops . . 139
A.10 Umpositionieren eines Objekts unter Mikroskopkontrolle, I 140
A.11 Umpositionieren eines Objekts unter Mikroskopkontrolle, II . . . 141
A.12 „Fallenlassen" eines gegriffenen Objekts, I 142
A.13 „Fallenlassen" eines gegriffenen Objekts, II 143

B.1   Montagebeispiel 145
B.2   Durchführbarkeitsgraph des Beispiels 148
B.3   Gesamter Durchführbarkeitsgraph 151

Tabellenverzeichnis

2.1 Bewertung der Lösungsansätze bei den Greifprinzipien 8

3.1 Bewertung und Klassifikation des Stands der Steuerungssysteme . 28
3.2 Bewertung des Stands der Planungssysteme 29

4.1 Eigenschaften der Montageprimitive 43

5.1 Echtzeit-Anforderungen der Steuerung 48
5.2 Bewertung verfügbarer Echtzeitbetriebssysteme 49
5.3 Echtzeit-Anforderungen und Betriebssysteme der Steuerungsebenen 65

7.1 Montageprotokoll 120
7.2 Montageprotokoll mit Neuplanung 121
7.3 Benötigte Rechenzeit 122

Anhang A

Die Stationsobjekte

A.1 Die Zustände der Objekte

In diesem Abschnitt sind die möglichen Zustände der Objekte der Mikromontagestation aufgelistet und beschrieben.

Die folgenden Tabellen zeigen die Objekte der Mikromontagestation und ihre möglichen Zustände.

	Tisch
free	Tisch verfügbar
travelling	Tisch bewegt sich gerade auf neue Position

	Globale Kamera
free	Kamera verfügbar
allocated obs 1	Kamera erfasst einen Roboter
allocated obs 2	Kamera erfasst zwei Roboter
allocated obs 3	Kamera erfasst drei Roboter

	Lokale Kamera
free	Kamera verfügbar
allocated obs obj	Kamera erfasst Mikroobjekt
allocated obs grp	Kamera erfasst Robotergreifer
allocated obs process	Kamera erfasst Montageprozess (Objekt + Greifer)

	Objekt
existing	unbeobachtetes Objekt
moving on table	Tisch bewegt Objekt
fully recognized	lokale Kamera erfasst Objekt
gripped	Objekt von Roboter gegriffen
unobserved	vor kurzem erfasst, jetzt unbeobachtet

Roboter	
free	verfügbar
travelling	Roboter bewegt sich auf Tisch
under mic	Robotergreifer unter Mikroskop
under mic control	Roboter bewegt sich unter Mikroskop, geführt über Greifererkennung
under mic with obj	Robotergreifer und Objekt unter Mikroskop
holding obj under mic	Roboter hat Objekt gegriffen
travelling w/ obj under mic	Roboter bewegt gegriffenes Objekt, geführt über Greifererkennung
travelling w/ obj	Roboter bewegt sich mit Objekt auf Tisch
waiting w/ obj	Roboter hat Objekt gegriffen (aber außerhalb des Mikroskopbildes)

A.2 Zustandsübergangsfunktionen

Im Folgenden sind für die Stationsobjekte die jeweiligen Automaten mit den Zustandsübergängen angegeben, die ein Zustandswechsel im jeweiligen Automat bei den anderen Automaten im Verbund anstößt.

Abbildung A.1: Zustandsübergangsfunktion des Tischobjekts

			Roboter		
Aktion	Objekt	Lokal	Global	Tisch	Bemerkungen
Ra			Ga, Gb		Motion, global camera
Rb		Le	-Ga, -Gb		Mic position, local camera
Rc	Oa			Xa	moving under mic. control
Rd	Ob		-Ga, -Gb	-Xa	Mic pos. local cam w/ obj
Re		Lb			Mic pos. local cam w/ obj
Rf	Oc	Lb			Gripping obj
Rg				Xa	moving under mic control
Rh		Lc	Ga, Gb	-Xa	leaving mic, global cam.
Ri			-Ga, -Gb		yielding
Rj	Of				Dropping object?!
Rk	Of				Dropping object?!

A.2 ZUSTANDSÜBERGANGSFUNKTIONEN

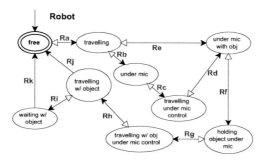

Abbildung A.2: Zustandsübergangsfunktion des Roboterobjekts

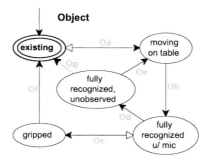

Abbildung A.3: Zustandsübergangsfunktion des Mikroobjekts

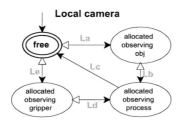

Abbildung A.4: Zustandsübergangsfunktion des lokalen Kameraobjekts

DIE STATIONSOBJEKTE

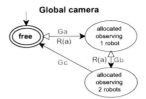

Abbildung A.5: Zustandsübergangsfunktion des globalen Kameraobjekts

Aktion	Roboter	Objekt Lokal	Tisch	Bemerkungen
Oa			Xa	moved to mic by table
Ob		La, Ld	-Xa	object recognized
Oc	Rf			Gripping object
Od		-Ld, -La		Table moved elsewhere
Oe			Xa	Moving back under mic
Of	Rj, Rk, -Rf			Dropping object
Og				timeout, uncertainty

Lokale Kamera

Aktion	Roboter	Objekt	Bemerkungen
La		Ob	Object recognized
Lb	Re		Object+Gripper recognized
Lc	Rh		Robot+part moved out of view
Ld	Rd	Ob	Gripper+Object recognized
Le	Rb		Gripper recognized

Globale Kamera

Aktion	Roboter	Bemerkungen
Ga	Ra	Robot recognized
Gb	Ra	Robot recognized
Gc	-Ra, Rj, Rk	All robots stopped

A.3 Petri-Netz für ein 1-Roboter-Szenario

Abbildung A.6 zeigt ein Petri-Netz, das dem Steuerungssystem für eine Mikromontagestation mit einem Roboter entspricht. Hierzu kamen die Konstruktionsregeln für korrespondierende Petri-Netze nach dem Automatenverbundtheorem, Seite 58, zum Einsatz.

A.3 PETRI-NETZ FÜR EIN 1-ROBOTER-SZENARIO

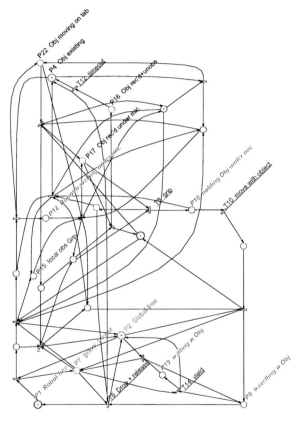

Abbildung A.6: Korrespondierendes Petri-Netz für eine Mikromontagestation mit einem Roboter

A.4 Simulationsergebnisse

Dieser Abschnitt präsentiert Ergebnisse der Simulation des im vorigen Abschnitts gezeigten Petri-Netzes für eine Station mit einem Roboter. Diese Simulationen geben Prozesse an, die in der Station ablaufen können und stellen lediglich einen kleinen Ausschnitt aus der Menge der möglichen Abläufe dar.

Abbildung A.7 zeigt einen Prozess, bei dem zunächst ein Mikroobjekt durch Bewegen des Tisches unter das Mikroskop gebracht wird, während gleichzeitig ein Roboter unter sensorischer Überwachung durch die globale Kamera unter das Mikroskop fährt. Bevor der Roboter den Mikroskopausschnitt erreicht, verfährt der Tisch weiter, so dass das Objekt wieder außerhalb des Sichtbereichs liegt.

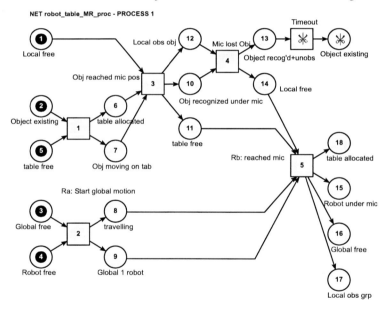

Abbildung A.7: Objekt unter Mikroskop, dann Greifer unter Mikroskop

In Abbildung A.8 wird zuerst ein Roboter unter das Mikroskop gebracht und dann der Tisch synchron mit dem Roboter bewegt, bis das Mikroobjekt unter dem Mikroskop zu liegen kommt. Anschließend greift der Roboter das Objekt und legt es unter Mikroskopkontrolle wieder ab.

A.4 SIMULATIONSERGEBNISSE

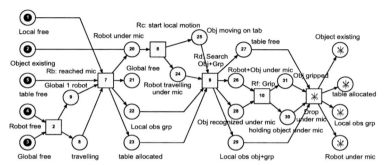

Abbildung A.8: Greifen und Absetzen unter dem Mikroskop

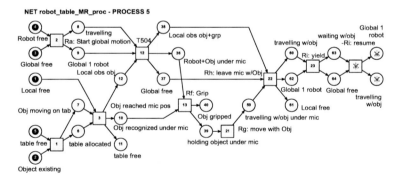

Abbildung A.9: Entfernen eines Objekts aus dem Sichtbereich des Mikroskops

Abbildung A.9 zeigt einen Greifvorgang, bei dem Objekt und Roboter gleichzeitig unter das Mikroskop gebracht werden, der Roboter das Objekt greift und anschließend das gegriffene Objekt aus dem Sichtbereich entfernt. Abbildungen A.11 und A.10 zeigen den Vorgang des Umpositionierens eines Objekts unter dem Mikroskop. In A.11 ist der gleiche Ablauf des Greifens wie in A.9 gezeigt; in A.10 werden Roboter und Objekt gleichzeitig unter das Mikroskop gebracht.

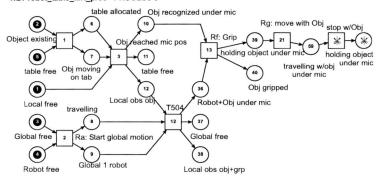

Abbildung A.10: Umpositionieren eines Objekts unter Mikroskopkontrolle, I

Abbildungen A.12 und A.13 zeigen das „Fallenlassen" eines Objekts außerhalb des Sichtbereiches des Mikroskops. Ein solcher Prozess ist vom Planungssystem nicht vorgesehen, weil die resultierende Ungewissheit über den Objektzustand zu groß ist.

A.4 Simulationsergebnisse 141

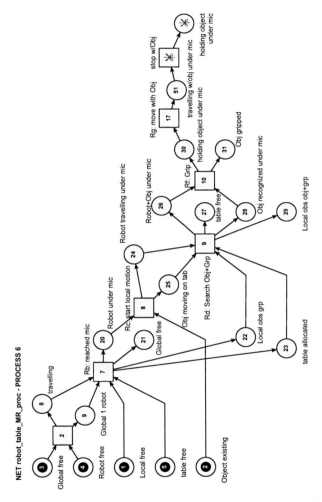

Abbildung A.11: Umpositionieren eines Objekts unter Mikroskopkontrolle, II

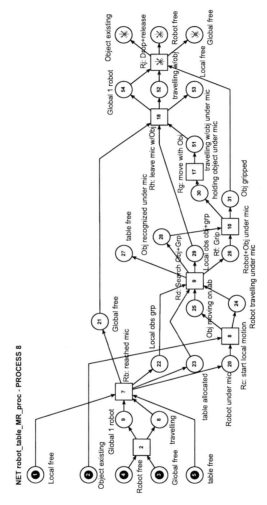

Abbildung A.12: „Fallenlassen" eines gegriffenen Objekts außerhalb des Sichtbereichs, I

A.4 SIMULATIONSERGEBNISSE

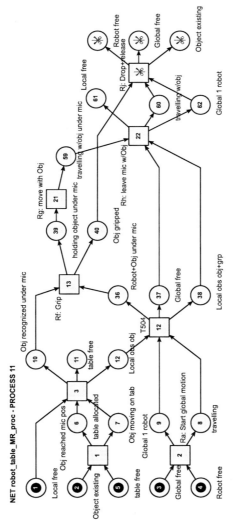

Abbildung A.13: „Fallenlassen" eines gegriffenen Objekts außerhalb des Sichtbereichs, II

Anhang B

Mikromontage-Beispiel

In diesem Kapitel sollen die Verfahren und Algorithmen des in Kapitel 6 vorgestellten Mikromontageplaners anhand eines Beispiels erläutert werden. Abbildung B.1 zeigt das zu planende System.

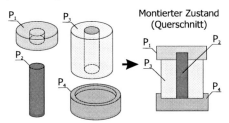

Abbildung B.1: Montagebeispiel

B.1 Die initialen Durchführbarkeitsmatrizen

Ausgehend von den CAD-Daten des zu montierenden Systems wird zunächst die geometrische Durchführbarkeit der möglichen Montageoperationen, bestehend aus der Separationsfreiheit $\overrightarrow{MF_0}$ und der Manipulationsfreiheit $\overrightarrow{MFM_0}$ gemäß Gleichungen 6.2, 6.4 berechnet (vgl. auch Abschnitt 7.4, [FFS00b]):

$$\overrightarrow{MF_0} = \begin{pmatrix} \theta_1 = \{p_1\} & \theta_2 = \{p_2\} & \theta_3 = \{p_3\} & \theta_4 = \{p_4\} \\ (0,0,0,0,0) & (0,0,0,0,1) & (1,1,1,1,0,1) & (1,1,1,1,1,1) \\ (0,0,0,0,1,0) & (0,0,0,0,0,0) & (1,1,1,1,0,1) & (1,1,1,1,1,1) \\ (1,1,1,1,1,0) & (0,0,0,0,1,1) & (0,0,0,0,0,0) & (0,0,0,0,0,1) \\ (1,1,1,1,1,1) & (1,1,1,1,1,0) & (0,0,0,0,1,0) & (0,0,0,0,0,0) \end{pmatrix} \begin{matrix} \theta_1 \\ \theta_2 \\ \theta_3 \\ \theta_4 \end{matrix}$$

$$\overrightarrow{MFM_0} = \begin{pmatrix} \theta_1 = \{p_1\} & \theta_2 = \{p_2\} & \theta_3 = \{p_3\} & \theta_4 = \{p_4\} \\ (0,0,0,0,0,0) & (0,0,0,0,1,0) & (1,1,1,1,1,0) & (1,1,1,1,1,1) \\ (0,0,0,0,0,1) & (0,0,0,0,0,0) & (0,0,0,0,1,0) & (1,1,1,1,1,0) \\ (1,1,1,1,0,1) & (0,0,0,0,0,1) & (0,0,0,0,0,0) & (0,0,0,0,1,0) \\ (1,1,1,1,1,1) & (1,1,1,1,0,1) & (0,0,0,0,0,1) & (0,0,0,0,0,0) \end{pmatrix} \begin{matrix} \theta_1 \\ \theta_2 \\ \theta_3 \\ \theta_4 \end{matrix}$$

Aus dieser Ausgangsbelegung lassen sich nun die Vektoren $\vec{f}_k$ für ein beliebiges k mit den iterativen Formeln 6.9, 6.10 berechnen:

$$\vec{f}_k(p_1/\{p_2, p_3, p_4\}) = \vec{f}_0(p_1/p_2) \wedge \vec{f}_0(p_1/p_3) \wedge \vec{f}_0(p_1/p_4)$$

$$= (0,0,0,0,1,0) \wedge (1,1,1,1,1,0) \wedge (1,1,1,1,1,1) = (0,0,0,0,1,0)$$

Dies ist anschaulich klar, da die Montage $(p_1/\{p_2, p_3, p_4\})$ dem „Aufsetzen des Deckels" p_1 in Abbildung B.1 entspricht.

Auch die Tatsache, dass sich p_2 nicht in die bereits montierte Teilbaugruppe $\{p_1, p_3, p_4\}$ montieren lässt, kann algebraisch nachgeprüft werden:

$$\vec{f}_k(p_2/\{p_1, p_3, p_4\}) = \vec{f}_0(p_2/p_1) \wedge \vec{f}_0(p_2/p_3) \wedge \vec{f}_0(p_2/p_4)$$

$$= (0,0,0,0,0,1) \wedge (0,0,0,0,1,1) \wedge (1,1,1,1,1,0) = (0,0,0,0,0,0)$$

Für jede Verbindung der Montage muss der Koeffizient der relativen Stabilität der Verbindung spezifiziert werden (Abs. 6.2.2). Dies wird i. a. über eine Klassifikation der Verbindungen erfolgen, beispielsweise $\{p_3, p_4\}$ ist „eingepresst". Im Beispiel B.1 sei

$$\overrightarrow{RS_0} = \begin{pmatrix} \theta_1 = \{p_1\} & \theta_2 = \{p_2\} & \theta_3 = \{p_3\} & \theta_4 = \{p_4\} \\ 1 & 0,4 & 0 & 0 \\ 0,4 & 1 & 0,4 & 0 \\ 0 & 0,4 & 1 & 0,5 \\ 0 & 0 & 0,5 & 1 \end{pmatrix} \begin{matrix} \theta_1 \\ \theta_2 \\ \theta_3 \\ \theta_4 \end{matrix}$$

Nun muss dem Planer mitgeteilt werden, welche Bauteile unbedenklich bezüglich Skalierungseffekten sind. Im Beispiel sei definiert $BIG = \{p_3, p_4\}$ (Abs. 6.2.3).

Anschließend müssen die Montageschritte bezüglich ihre Kontrollierbarkeit spezifiziert werden. Für Abb. B.1 gilt unter der Annahme der Montage in der gezeigten Konfiguration, also Montage von p_2 „von oben":

$$\overrightarrow{MFV_0} = \begin{pmatrix} \theta_1 = \{p_1\} & \theta_2 = \{p_2\} & \theta_3 = \{p_3\} & \theta_4 = \{p_4\} \\ (1,1,1,1,1,1) & (1,1,1,1,1,0) & (1,1,1,1,1,0) & (1,1,1,1,0,1) \\ (1,1,1,1,1,0) & (1,1,1,1,1,1) & (1,1,1,1,1,1) & (1,1,1,1,0,1) \\ (1,1,1,1,1,0) & (1,1,1,1,1,1) & (1,1,1,1,1,1) & (1,1,1,1,0,1) \\ (1,1,1,1,0,1) & (1,1,1,1,0,1) & (1,1,1,1,0,1) & (1,1,1,1,1,1) \end{pmatrix} \begin{matrix} \theta_1 \\ \theta_2 \\ \theta_3 \\ \theta_4 \end{matrix}$$

B.1 Die initialen Durchführbarkeitsmatrizen

Für die weiteren Betrachtungen sei angenommen, dass die Roboter über alle notwendigen Freiheitsgrade verfügen, also $\vec{r}_t = (1,1,1,1,1,1)$ für alle Roboter t, vgl. Gl. 6.11. Spannvorrichtungen seien für die Montage keine erforderlich; die Montagerichtung ist die negative z-Achse. Somit ergibt sich als geometrische Montageeinschränkung $\vec{FE} = (1,1,1,1,0,1)$ (Gl. 6.12) und für die gesamte Station $\vec{mp} = \vec{r}_t \wedge \vec{FE} = (1,1,1,1,0,1)$ (Gl. 6.14). Damit ist die Menge SL der Montagerestriktionen (Gl. 6.1) bestimmt.

Nimmt man eine Mikromontagestation wie die in Abbildung 4.1, links, gezeigte an, so ist das visuell-sensorische Potenzial der Station durch die Mikroskopkamera gegeben (Blick „von oben"): $\vec{msv} = (0,0,0,0,0,1)$, Gl. 6.24.

Die Menge der instabilen Verbindungen für alle Konfigurationen sei die kanonische $U = (-,-,-,-,-,1)$, Gl. 6.18. Für dieses Beispiel sei der Grenzwert der mechanischen Stabilität 0,2.

Mit diesen Informationen lassen sich nun die Durchführbarkeitsmatrizen wie folgt berechnen (Gl. 6.27):

$$\vec{GEO}_0 = \begin{pmatrix} \theta_1=\{p_1\} & \theta_2=\{p_2\} & \theta_3=\{p_3\} & \theta_4=\{p_4\} \\ 0 & 0 & 0 & 0 \\ 1 & 0 & 0 & 0 \\ 1 & 1 & 0 & 0 \\ 0 & 1 & 1 & 0 \end{pmatrix} \begin{matrix} \theta_1 \\ \theta_2 \\ \theta_3 \\ \theta_4 \end{matrix}$$

$$\vec{MEC}_0 = \begin{pmatrix} \theta_1=\{p_1\} & \theta_2=\{p_2\} & \theta_3=\{p_3\} & \theta_4=\{p_4\} \\ 1 & 1 & 0 & 0 \\ 1 & 1 & 1 & 0 \\ 0 & 1 & 1 & 0 \\ 0 & 0 & 1 & 1 \end{pmatrix} \begin{matrix} \theta_1 \\ \theta_2 \\ \theta_3 \\ \theta_4 \end{matrix}$$

$$\vec{VIS}_0 = \begin{pmatrix} \theta_1=\{p_1\} & \theta_2=\{p_2\} & \theta_3=\{p_3\} & \theta_4=\{p_4\} \\ 1 & 0 & 0 & 1 \\ 0 & 1 & 1 & 1 \\ 0 & 1 & 1 & 1 \\ 1 & 1 & 1 & 1 \end{pmatrix} \begin{matrix} \theta_1 \\ \theta_2 \\ \theta_3 \\ \theta_4 \end{matrix}$$

Die konjunktive Verknüpfung dieser Matrizen führt zur Matrix $\vec{FA}$:

$$\vec{FA}_0 = \begin{pmatrix} \theta_1=\{p_1\} & \theta_2=\{p_2\} & \theta_3=\{p_3\} & \theta_4=\{p_4\} \\ 0 & 0 & 0 & 0 \\ 0 & 0 & 0 & 0 \\ 0 & 1 & 0 & 0 \\ 0 & 0 & 1 & 0 \end{pmatrix} \begin{matrix} \theta_1 \\ \theta_2 \\ \theta_3 \\ \theta_4 \end{matrix}$$

Anschaulich ist diese Matrix in Abbildung B.2 als Durchführbarkeitsgraph dargestellt.

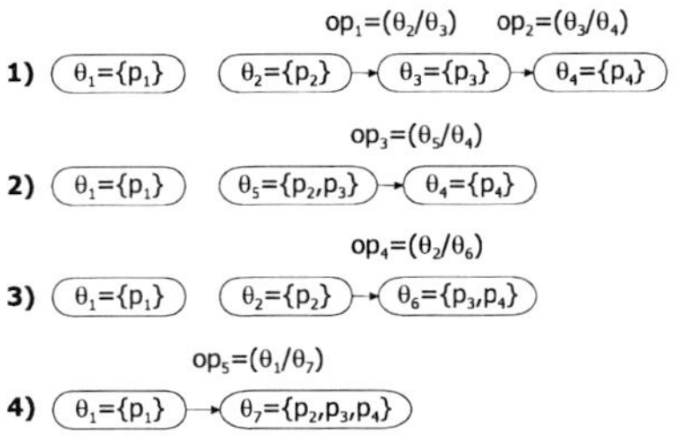

$op_1=(\theta_2/\theta_3)$ $op_2=(\theta_3/\theta_4)$
1) $\boxed{\theta_1=\{p_1\}}$ $\boxed{\theta_2=\{p_2\}} \rightarrow \boxed{\theta_3=\{p_3\}} \rightarrow \boxed{\theta_4=\{p_4\}}$

$op_3=(\theta_5/\theta_4)$
2) $\boxed{\theta_1=\{p_1\}}$ $\boxed{\theta_5=\{p_2,p_3\}} \rightarrow \boxed{\theta_4=\{p_4\}}$

$op_4=(\theta_3/\theta_6)$
3) $\boxed{\theta_1=\{p_1\}}$ $\boxed{\theta_2=\{p_2\}} \rightarrow \boxed{\theta_6=\{p_3,p_4\}}$

$op_5=(\theta_1/\theta_7)$
4) $\boxed{\theta_1=\{p_1\}} \rightarrow \boxed{\theta_7=\{p_2,p_3,p_4\}}$

Abbildung B.2: Durchführbarkeitsgraph für das Beispiel aus Abb. B.1
1) Anfangskonfiguration Θ_0
2) Konfiguration Θ_1 nach $op_1(\theta_2/\theta_3)$
3) Konfiguration Θ_2 nach $op_2(\theta_3/\theta_4)$
4) Konf. Θ_3 nach $[op_1(\theta_2/\theta_3), op_3(\theta_5/\theta_4)]$ oder $[op_2(\theta_3/\theta_4), op_4(\theta_2/\theta_6)]$

B.2 Die iterative Berechnung

In UND/ODER-Graphen [HS90] werden stabile Teilbaugruppen durch Knoten und durchführbare Operationen durch gerichtete Kanten zwischen Teilbaugruppen dargestellt. In Konfiguration k bedeutet eine Kante von Knoten θ_i zu Knoten θ_j, dass die Operation (θ_i/θ_j) in dieser Konfiguration durchführbar ist. Nun soll der komplette Durchführbarkeitsgraph für das Montagebeispiel in dieser Form ermittelt werden.

Graph 1) in Abbildung B.2 entspricht der Matrix $\overrightarrow{FA_0}$. Wie man sieht, existieren in der Anfangskonfiguration des Konfigurationsraums zwei korrekte Montagefolgen: $\Pi_{1,1} = [op_1(\theta_2/\theta_3)]$ und $\Pi_{1,2} = [op_1(\theta_3/\theta_4)]$

Wird in der Anfangskonfiguration zunächst $op_1(\theta_2/\theta_3)$ durchgeführt, resultiert dies in der Teilbaugruppe $\theta_5 = (\theta_2, \theta_3)$. Die Konfiguration Θ_0 geht damit in $\Theta_1 = \{\theta_1, \theta_4, \theta_5\}$ über. Gemäß der Berechnungsvorschriften (6.9), (6.10), (6.16), (6.26) ergeben sich die folgenden Matrizen:

$$\overrightarrow{MF_1} = \begin{pmatrix} \theta_1=\{p_1\} & \theta_4=\{p_4\} & \theta_5=\{p_2,p_3\} \\ (0,0,0,0,0) & (1,1,1,1,1) & (0,0,0,0,1) \\ (1,1,1,1,1) & (0,0,0,0,0) & (0,0,0,1,0) \\ (0,0,0,1,0) & (0,0,0,0,1) & (0,0,0,0,0) \end{pmatrix} \begin{matrix} \theta_1 \\ \theta_4 \\ \theta_5 \end{matrix}$$

B.2 Die iterative Berechnung

$$\overrightarrow{MFM_1} = \begin{pmatrix} \theta_1 = \{p_1\} & \theta_4 = \{p_4\} & \theta_5 = \{p_2, p_3\} \\ (0,0,0,0,0,0) & (1,1,1,1,1,1) & (0,0,0,0,1,0) \\ (1,1,1,1,1,1) & (0,0,0,0,0,0) & (0,0,0,0,0,1) \\ (0,0,0,0,0,1) & (0,0,0,0,1,0) & (0,0,0,0,0,0) \end{pmatrix} \begin{matrix} \theta_1 \\ \theta_4 \\ \theta_5 \end{matrix}$$

$$\overrightarrow{MFV_1} = \begin{pmatrix} \theta_1 = \{p_1\} & \theta_4 = \{p_4\} & \theta_5 = \{p_2, p_3\} \\ (1,1,1,1,1,1) & (1,1,1,1,0,1) & (1,1,1,1,1,0) \\ (1,1,1,1,0,1) & (1,1,1,1,1,1) & (1,1,1,1,0,1) \\ (1,1,1,1,1,0) & (1,1,1,1,0,1) & (1,1,1,1,1,1) \end{pmatrix} \begin{matrix} \theta_1 \\ \theta_4 \\ \theta_5 \end{matrix}$$

$$\overrightarrow{RS_1} = \begin{pmatrix} \theta_1 = \{p_1\} & \theta_4 = \{p_4\} & \theta_5 = \{p_2, p_3\} \\ 1 & 0 & 0,4 \\ 0 & 1 & 0,4 \\ 0,4 & 0,4 & 0,5 \end{pmatrix} \begin{matrix} \theta_1 \\ \theta_4 \\ \theta_5 \end{matrix}$$

Damit ergibt sich die Matrix $\overrightarrow{FA_1}$:

$$\overrightarrow{FA_1} = \begin{pmatrix} \theta_1 = \{p_1\} & \theta_4 = \{p_4\} & \theta_5 = \{p_2, p_3\} \\ 0 & 0 & 0 \\ 0 & 0 & 1 \\ 0 & 0 & 0 \end{pmatrix} \begin{matrix} \theta_1 \\ \theta_4 \\ \theta_5 \end{matrix}$$

Der dieser Matrix entsprechende Durchführbarkeitsgraph ist der in Abbildung B.2, 2) gezeigte. In der Ausgangskonfiguration Θ_0 ist weiterhin die Operation $op_2(\theta_3/\theta_4)$ möglich. Diese erzeugt die neue Teilbaugruppe $\theta_6 = (\theta_3/\theta_4)$. Die entsprechende Konfiguration ist $\Theta_2 = \{\theta_1, \theta_2, \theta_6\}$; $\overrightarrow{FA_2}$ berechnet sich analog zu:

$$\overrightarrow{FA_2} = \begin{pmatrix} \theta_1 = \{p_1\} & \theta_2 = \{p_2\} & \theta_6 = \{p_3, p_4\} \\ 0 & 0 & 0 \\ 0 & 0 & 0 \\ 0 & 1 & 0 \end{pmatrix} \begin{matrix} \theta_1 \\ \theta_2 \\ \theta_6 \end{matrix}$$

Der Durchführbarkeitsgraph für diese Alternative ist in Abbildung B.2, 3) dargestellt. Aus der graphischen Darstellung wird ersichtlich, dass die Konfiguration $\Theta_3 = \{\theta_1, \theta_7\}$ mit $\theta_7 = \{p_2, p_3, p_4\}$ durch zwei unterschiedliche Montagefolgen erreicht werden kann, nämlich $\Pi_{2,1} = [op_1(\theta_2/\theta_3), op_3(\theta_5/\theta_4)]$ und $\Pi_{2,2} = [op_2(\theta_3/\theta_4), op_4(\theta_2/\theta_6)]$.

Konfiguration Θ_3 wird durch die folgenden Matrizen beschrieben:

$$\overrightarrow{MF_3} = \begin{pmatrix} \theta_1 = \{p_1\} & \theta_7 = \{p_2, p_3, p_4\} \\ (0,0,0,0,0,0) & (0,0,0,0,0,1) \\ (0,0,0,0,1,0) & (0,0,0,0,0,0) \end{pmatrix} \begin{matrix} \theta_1 \\ \theta_7 \end{matrix}$$

$$\overrightarrow{MFM_3} = \begin{pmatrix} \theta_1 = \{p_1\} & \theta_7 = \{p_2, p_3, p_4\} \\ (0,0,0,0,0,0) & (0,0,0,0,1,0) \\ (0,0,0,0,0,1) & (0,0,0,0,0,0) \end{pmatrix} \begin{matrix} \theta_1 \\ \theta_7 \end{matrix}$$

$$\overrightarrow{MFV_3} = \begin{pmatrix} \theta_1 = \{p_1\} & \theta_7 = \{p_2, p_3, p_4\} \\ (1,1,1,1,1,1) & (1,1,1,1,0,1) \\ (1,1,1,1,0,1) & (1,1,1,1,1,1) \end{pmatrix} \begin{matrix} \theta_1 \\ \theta_7 \end{matrix}$$

$$\overrightarrow{RS_3} = \begin{pmatrix} \theta_1 = \{p_1\} & \theta_7 = \{p_2, p_3, p_4\} \\ 1 & 0,4 \\ 0,4 & 0,4 \end{pmatrix} \begin{matrix} \theta_1 \\ \theta_7 \end{matrix}$$

$$\overrightarrow{FA_3} = \begin{pmatrix} \theta_1 = \{p_1\} & \theta_7 = \{p_2, p_3, p_4\} \\ 0 & 0 \\ 1 & 0 \end{pmatrix} \begin{matrix} \theta_1 \\ \theta_7 \end{matrix}$$

Abbildung B.2, 4) zeigt den Durchführbarkeitsgraphen für Θ_3. Die einzige verbleibende Operation ist nun $op_5(\theta_1, \theta_7)$, die die Zielkonfiguration $\Theta_f = \Theta_4 = \{p_1, \ldots, p_4\}$ erzeugt.

Die Menge Π, die die korrekten Montagefolgen enthält, besteht aus zwei Montagefolgen der Länge 3:

$$\Pi_{3,1} = [op_1(\theta_2/\theta_3), op_3(\theta_5/\theta_4), op_5(\theta_1/\theta_7)]$$

$$\Pi_{3,2} = [op_2(\theta_3/\theta_4), op_4(\theta_2/\theta_6), op_5(\theta_1/\theta_7)]$$

Dies kann nun in einem gesamten UND / ODER-Graphen dargestellt werden, der alle korrekten Montagefolgen für das gegebene Produkt beschreibt, Abb. B.3. Die Kanten, die von einem Knoten ausgehen, sind zu Hyperkanten zusammengefasst, wobei jede Hyperkante eine Fügeoperation definiert.

Die Menge $OP = \{op_r | r = 1, \ldots, n\}$ beinhaltet alle Hyperkanten des Durchführbarkeitsgraphen und damit **alle** durchführbaren Operationen:

$$OP = \{op_1(\theta_2/\theta_3), op_2(\theta_3/\theta_4), op_3(\theta_5/\theta_4), op_4(\theta_2/\theta_6), op_5(\theta_1/\theta_7)\}.$$

B.2 Die iterative Berechnung

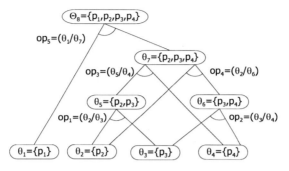

Abbildung B.3: Gesamter Durchführbarkeitsgraph

Die Mengen OP_h des Algorithmus 6.4.1 stellen die Vorgängeroperationen des Knotens θ_h dar. Im Beispiel sind dies:

$$\begin{aligned} OP_5 &= \{op_1(\theta_2/\theta_3)\}, \\ OP_6 &= \{op_2(\theta_3/\theta_4)\}, \\ OP_7 &= \{op_3(\theta_5/\theta_4), op_4(\theta_2/\theta_6)\} \text{ und} \\ OP_8 &= \{op_5(\theta_1/\theta_7)\}. \end{aligned}$$

Die Knoten des Durchführbarkeitsgraphen werden durch die Menge der stabilen Teilbaugruppen SA gebildet. Im Beispiel:

$$SA = \{\theta_1, \ldots, \theta_8\}.$$

Literaturverzeichnis

Eigene Veröffentlichungen

[FBS99] FATIKOW, S., A. BÜRKLE und J. SEYFRIED: *Automatic Control System of a Microrobot-Based Microassembly Station Using Computer Vision*. In: *Proc. Of the Conference on Microrobotics and Microassembly Vol. 3834, SPIE's International Symposium on Intelligent Systems and Advanced Manufacturing*, Seiten 11–22, Boston, MA, USA, September 1999.

[FDK+00] FAHLBUSCH, ST., T. DOLL, W. KAMMRATH, K. WEISS, S. FATIKOW und J. SEYFRIED: *Development of a Flexible Piezoelectric Microrobot for the Handling of Micro-Objects*. In: *Proc of the ACTUATOR 2000*, Bremen, Juni 2000.

[FFS99] FATIKOW, S., A. FAIZULLIN und J. SEYFRIED: *Computer Aided Planning System of a Flexible Microrobot-Based Microassembly Station*. In: *Proc. Of the 7th International Workshop on Computer Aided Design Theory and Technology*, Seiten 293–296, Wien, Österreich, Oktober 1999.

[FFS00a] FATIKOW, S., A. FAIZULLIN und J. SEYFRIED: *Computer Aided Planning System of a Flexible Microrobot-Based Microassembly Station*. In: F. PICHLER, R. MORENO-DÍAZ, P. KOPACEK (Herausgeber): *Lecture Notes in Computer Science Vol. 1798*. Springer-Verlag, Berlin-Heidelberg, 2000.

[FFS00b] FATIKOW, S., A. FAIZULLIN und J. SEYFRIED: *Planning of a Microassembly Task in a Flexible Microrobot Cell*. In: *Int. Conference on Robotics and Automation (ICRA)*, San Francisco, CA, USA, April 2000.

[FFSB99] FAHLBUSCH, ST., S. FATIKOW, J. SEYFRIED und A. BÜRKLE: *Flexible Microrobotic System MINIMAN: Design, Actuation Principle* and Control. In: *Proc. Of the 1999 IEEE/ASME International Conference on Advanced Intelligent Mechatronics (AIM'99)*, Seiten 156–161, Atlanta, GA, USA, September 1999.

[FS97] FISCHER, TH. und J. SEYFRIED: *The new Karlsruhe Dextrous Hand*. In: *Proc. of the Fifth Intl. Symposium on Intelligent Robotic Systems 1997 (SIRS)*, July 7-11 1997.

[FS99] FATIKOW, S. und J. SEYFRIED: *Control Architecture of a Flexible Microrobot-Based Microassembly Station*. In: *Proc. Of the 7th Mediterranean Conference on Control and Automation (MED99)*, Seiten 1974–1981, Haifa, Israel, Juni 1999.

[FSBS99] FATIKOW, S., J. SEYFRIED, A. BÜRKLE und F. SCHMOECKEL: *A Flexible Microrobot-Based Microassembly Station*. In: *Proc. Of the 7th IEEE International Conference on Emerging Technologies and Factory Automation (ETFA'99)*, Seiten 397–406, Barcelona, Spanien, Oktober 1999.

[FSF97] FATIKOW, S., J. SEYFRIED und ST. FAHLBUSCH: *RobotMan - Miniaturroboter zur Handhabung von Mikroobjekten*. In: *5. Zwickauer Automatisierungs-Forum*, Zwickau, Deutschland, Oktober 1997.

[FSF+99] FATIKOW, S., J. SEYFRIED, ST. FAHLBUSCH, A. BÜRKLE und F. SCHMOECKEL: *Development of a Microrobot-Based Microassembly Station*. In: *Proc. Of the Ninth International Conference on Advanced Robotics (ICAR'99)*, Seiten 205–210, Tokyo, Japan, Oktober 1999.

[FSF+00a] FATIKOW, S., F. SCHMOECKEL, ST. FAHLBUSCH, J. SEYFRIED und A. BÜRKLE: *Development of a Microrobot-Based Micromanipulation Cell in an SEM*. In: *SPIE's International Symposium on Intelligent Systems and Advanced Manufacturing, Conference on Microrobotics and Microassembly*, Boston, MA, USA, November 2000.

[FSF+00b] FATIKOW, S., J. SEYFRIED, ST. FAHLBUSCH, A. BÜRKLE und F. SCHMOECKEL: *A Flexible Microrobot-Based Microassembly Station*. Journal of Intelligent and Robotic Systems, Kluwer Academic Publishers, Dodrecht, 27:135–169, 2000.

[FSF+00c] FATIKOW, S., J. SEYFRIED, ST. FAHLBUSCH, A. BÜRKLE und F. SCHMOECKEL: *Flexible Microrobots for a Microfactory*. In: *Proc. Of the 2nd Int. Workshop on Microfactories*, Fribourg, Schweiz, Oktober 2000.

EIGENE VERÖFFENTLICHUNGEN

[FSF+00d] FATIKOW, S., J. SEYFRIED, ST. FAHLBUSCH, A. BÜRKLE, F. SCHMOECKEL und H. WÖRN: *Intelligent Microrobotic System for Microassembly Tasks.* In: *Proc. Of the 1st Int. Conference on Mechatronics and Robotics*, St. Petersburg, Russland, Mai 2000.

[FSF00e] FATIKOW, S., J. SEYFRIED und A. FAIZULLIN: *Assembly Planning in a Microrobot-Based Microassembly Station.* In: *VDI/VDE/FhG/GI-Fachtagung Robotik'2000*, Berlin, Juni 2000.

[FSF00f] FATIKOW, S., J. SEYFRIED und A. FAIZULLIN: *Real-Time Planning and Re-Planning in a Microrobot-Based Microassembly Cell.* In: *Proc. Of the 4th IIIS Int. Conference on Systemics, Cybernetics and Informatics (SCI2000)*, Orlando, Florida, USA, Juli 2000.

[FSFT00] FATIKOW, S., J. SEYFRIED, A. FAIZULLIN und S. TCHIRKOV: *Real-Time Planning and Re-Planning in a Microrobot-Based Microassembly Cell.* yet unpublished, 2000.

[FSSF98] FATIKOW, S., J. SEYFRIED, K. SANTA und ST. FAHLBUSCH: *Control System of an Automated Microrobot-Based Microassembly Desktop Station.* In: *Proc. of the IEE Int. Conference on Computational Engineering in Systems Applications (CESA'98)*, Nabeul-Hammamet, Tunisia, April 1-4 1998.

[LSR97] LAENGLE, TH., J. SEYFRIED und U. REMBOLD: *Distributed Control of Microrobots for different Applications.* In: R. C. BOLLES, H. BUNKE, H. NOLTEMEIER (Herausgeber): *Intelligent Robots: Sensing, Modeling and Planning*, Machine Perception and Artificial Intelligence Vol. 27, Seiten 322–339. World Scientific, 1997.

[MSF97] MARDANOV, A., J. SEYFRIED und S. FATIKOW: *An Automated Assembly Environment in a Microassembly Station.* In: *Proc. of the Advanced Summer Institute (ASI'97)*, Budapest, July 14-18 1997. 262-268.

[MSF98] MARDANOV, A., J. SEYFRIED und S. FATIKOW: *An Automated Assembly Environment in a Microassembly Station.* Journal Computers in Industry, 38(2):93–102, 1998.

[RFS98] REMBOLD, U., S. FATIKOW und J. SEYFRIED: *Planning and Control Architecture of a Flexible Microrobot-Based Microassembly Station.* In: *Proc. of the 5. Int. Conf. on Intelligent Autonomous Systems*, Sapporo, Japan, June 1-4 1998.

[Sey96a] SEYFRIED, J.: *Die kamerabasierte Steuerung eines piezoelektrischen Mikroroboters in einer universellen Mikromanipulationszelle.* Diplomarbeit, Institut für Prozeßrechentechnik und Robotik, Universität Karlsruhe (TH), June 1996.

[Sey96b] SEYFRIED, J.: *Entwicklung eines Telemanipulationssystems für Mikroroboter.* Studienarbeit am Institut für Prozeßrechentechnik und Robotik, Universität Karlsruhe (TH), 1996.

[Sey99] SEYFRIED, J.: *Control and Planning System of a Micro Robot-Based Micro-Assembly Station.* In: *Proc. Of the 30th International Symposium on Robotics (ISR99)*, Tokyo, Japan, Oktober 1999.

[SF97] SEYFRIED, J. und S. FATIKOW: *Microrobot-Based Micromanipulation Station and its Control Using a Graphical User Interface.* In: *Proc. of the 5th Int. Symposium on Robot Control (SYROCO'97)*, Nantes, France, September 3-5 1997. 827-832.

[SFF+00] SEYFRIED, J., S. FATIKOW, ST. FAHLBUSCH, A. BÜRKLE und F. SCHMOECKEL: *Manipulating in the Micro World: Mobile Micro Robots and their Applications.* In: *Proc. Of the 31st Int. Symposium on Robotics (ISR2000)*, Montreal, Kanada, Mai 2000.

[SFM97] SEYFRIED, J., S. FATIKOW und A. MARDANOV: *An Automated Microassembly Environment.* In: *Proc. of the Int. Workshop on Working in the Micro- and Nano-Worlds: Systems to En-able the Manipulation and Machining of Micro-Objects, in Proc. of the IEEE/RSJ Int. Conf. on Intelligent Robots and Systems (IROS'97)*, Seiten 20–26, Grenoble, France, September 7-11 1997.

[SFM+98] SEYFRIED, J., S. FATIKOW, A. MARDANOV, R. MUNASSYPOV und D. BLACHMANN: *Planning and Control System of a Flexible Multirobot-Based Microassembly Station.* In: *Proc. of the 4th Int. Symp. on Distributed Autonomous Robotic Systems (DARS)*, Karlsruhe, May 25-27 1998.

[SSFM97] SANTA, K., J. SEYFRIED, S. FATIKOW und R. MUNASSYPOV: *Control of a Three-Leg Piezo-electric Microrobot with Two Friction-Driven Manipulators.* In: *Proc. of Micromechanics Europe (MME'97)*, Seiten 207–210, Southampton, UK, September 1-2 1997.

[WSF99] WÖRN, H., J. SEYFRIED und A. FAIZULLIN: *Assembly Planning in a Flexible Micro-Assembly Station.* In: *Proc. Of the Second Internationan Workshop on Intelligent Manufacturing Systems 1999 (IMS*

'99), *Advanced Summer Institute 1999 of the ICIMS Network*, Seiten 487–496, Leuven, Belgien, September 1999.

[WSFS98] WÖRN, H., J. SEYFRIED, S. FATIKOW und K. SANTA: *Information Processing in a Flexible Robot-Based Microassembly Station.* In: *Proc. of the IFAC/INCOM Int. Symp. on Information Control Problems in Manufacturing*, Nancy-Metz, France, June 24-26 1998.

Referenzen

[AFM97] AMBROGGI, F. DE, L. FORTUNA und G. MUSCATO: *PLIF: Piezo Light Intelligent Flea New Micro-robots Controlled by Self-learning Techniques*. In: *Proc. of the Int. Conf. on Robotics and Automation*, Albuquerque, USA, 1997.

[AJ97] ALLEGRO, S. und J. JACOT: *Automated Microassembly by Means of a Micromanipulator and External Sensors*. In: *Proc. of the Int. Conf. Microrobotics and Micromanipulation, SPIE '97, Vol. 3202*, Pittsburgh, USA, 1997.

[All97] ALLEGRO, S.: *Use of a Leica DM RXA Microscope as Optical Sensor for Automated Microassembly*. Scientific and Technical Information Vol. XI, No.5, October 1997.

[Bal95] BALZERT, HELMUT: *Lehrbuch der Software-Technik: Software-Entwicklung*. Lehrbücher der Informatik. Spektrum akademischer Verlag, Heidelberg, Berlin, Oxford, 1995.

[BF00] BUERKLE, A. und S. FATIKOW: *Laser measuring system for a flexible microrobot-based micromanipulation station*. In: *IEEE/RSJ Int. Conference on Intelligent Robots and Systems (IROS)*, Takamatsu, Japan, 2000.

[BGNP99] BECKER, L. B., M. GERGELEIT, E. NETT und C. E. PEREIRA: *An integrated environment for the complete development cycle of an object-oriented distributed real-time system*. In: *Proceedings of the 2nd IEEE International Symposium on Object-Oriented Real-Time Distributed Computing, 1999. (ISORC '99)*, Seiten 165–171, St. Malo, Frankreich, Mai 2-5 1999.

[BPC96] BREGUET, J.-M., E. PERNETTE und R. CLAVEL: *Stick and slip actuators and parallel architectures dedicated to microrobotics*. In: *Proc. SPIE 2906*, Boston, MA, USA, 1996.

[BS98] BRUNNER, M. und A. STEMMER: *Design and Control of a Sensor-guided Nanorobot*. In: *Proc. of the 4th Conf. on Motion and Vibration Control*, Seiten 1156–1162, 1998.

[BY96] BARABANOV, M. und V. YODAIKEN: *Real-Time Linux*. Linux Journal, März 1996.

REFERENZEN

[Cap23] CAPEK, KAREL: *R. U. R.: Rossum's universal robots; a play in three acts and epilogue.* Milford Unic. Pr., London, 1923.

[CCA+98] CALIN, M., N. CHAILLET, J. AGNUS, A. BOURJAULT, A. BERTSCH, S. ZISSI und L.THIERY: *Shape memory alloy compliant microrobots.* In: *Proc. of the 9th Symposium of the International Federation of Automatic Control (IFAC) on Information Control in Manufacturing (INCOM98)*, Metz, Nancy, Frankreich, Juni 1998.

[CMTD98] CARROZZA, M.C., A. MENCIASSI, G. TIEZZI und P. DARIO: *The Development of a LIGA-microfabricated Gripper for Micromanipulation Tasks.* Journal of Micromechanics and Microengineering, 8:141–143, 1998.

[Con02] CONSULTING, WICHT TECHNOLOGIE: *Microsystems World Market Analysis 2000-2005.* Technischer Bericht, NEXUS Task Force Market Analysis, Oberföhringer Str. 2, D-81679 München, April 2002.

[CZBS95] CODOUREY, A., W. ZESCH, R. BUCHI und R. SIEGWART: *A Robot System for Automated Handling in Micro-world.* In: *Proc. of the IEEE/RSJ Int. Conf. on Intelligent Robots and Systems (IROS)*, Seiten 185–190, Pittsburgh, Pennsylvania, USA, 1995.

[Dil90] DILLMANN UND M. HUCK, R.: *Informationsverarbeitung in der Robotik.* Springer-Verlag Berlin Heidelberg Tokyo, 1990.

[Dre92] DREXLER, E.: *Nanosystems: Molecular Machinery, Manufacturing and Computation.* John Wiley & Sons, New York, 1992.

[DVC+92] DARIO, P., R. VALLEGGI, M.C. CARROZZA, M.C. MONTESI und M. COCCO: *Microactuators for Microrobots: a Critical Survey.* Journal of Micromechanisms and Microengineering, 1:1–17, 1992.

[Eck00] ECKEL, BRUCE: *Thinking in C++, Volume 1: Introduction to Standard C++*, Band 1. Prentice Hall, 2000.

[Ede00] EDELBROCK, R.: *Sensorgestützte Handhabung von Mikroobjekten mit Robotern.* Diplomarbeit, Universität Karlsruhe (TH), Dezember 2000.

[Eur96] EUROPÄISCHES KOMITEE FÜR NORMUNG, CEN: *Industrieroboter Wörterbuch, DIN EN ISO 8373.* Brüssel, 1996.

[Fat99]   FATIKOW, S.: *Mikroroboter und Mikromontage: Aufbau, Steuerung und Planung von flexiblen mikroroboterbasierten Montagestationen.* Teubner Verlag, 1999.

[Fau]   FAULHABER GMBH & CO. KG: *Bürstenloser DC-Mikromotor. 60 mWatt. Elektronische Kommutierung.* Datenblatt, 71094 Schönaich, http://www.faulhaber.de.

[Fea95]   FEARING, R.S.: *Survey of Sticking Effects for Micro Parts Handling.* In: *Proc. Int. Conf. on Intelligent Robots and Systems, 2,* Pittsburgh, USA, 1995.

[Fis00]   FISCHER, T.: *Multisensorbasierte Kraft-Positionsregelung von Mehrfingergreifern.* Doktorarbeit, Universität Karlsruhe (TH), Juni 2000.

[FMR95]   FATIKOW, S., B. MAGNUSSEN und U. REMBOLD: *A Piezoelectric Mobile Robot for Handling of Microobjects.* In: *Proc. of the International Symposium on Microsystems, Intelligent Materials and Robots (MIMR),* Seiten 189–192, Sendai, 1995.

[FR97]   FATIKOW, S. und U. REMBOLD: *Microsystem Technology and Microrobotics.* Springer Verlag Berlin Heidelberg, 1997.

[Fri95]   FRICK, O.: *Fertigungsgerechte Montage. und Fügeverfahren für Mikrosysteme.* In: *Tagungsband 2. Internationaler Kongreß und Ausstellung für Mikrosysteme und Präzisionstechnik (Micro-Engineering 95),* Seiten 44–51, Messe Stuttgart, 1995.

[Fro88]   FROMMHERZ, B.: *Ein Konzept für ein Roboteraktionsplanungssystem.* Doktorarbeit, Universität Karlsruhe (TH), 1988.

[GFGG99]   GOGOLA, M., G. FISCHER, M. GOLDFARB und E. GARCIA: *The development of two piezoelectrically-actuated mesoscale robot quadrupeds.* In: *Proc. of the SPIE Conference on Microrobotics and Microassembly,* Seiten 76–84, Botson, MA, USA, September 1999.

[Gro95]   GROSSMANN, B.: *Entwicklung einer Positionierungseinheit für einen mikromechanischen Pinzettengreifer.* Diplomarbeit, Universität Karlsruhe (TH), Institut für Prozessrechentechnik und Robotik, Dezember 1995.

[Hag97]   HAGEMANN, B.: *Entwicklung von Permanentmagnet-Mikromotoren mit Luftspaltwicklung.* Doktorarbeit, Universität Hannover, 1997.

REFERENZEN

[HB91] HENRIOUD, J.-M. und A. BOURJAULT: *LEGA: a computer-aided generator of assembly plans.* Computer-aided Mechanical Assembly Planning, Seiten 191–215, 1991.

[Hg96] HAGER, G. und S. HUTCHINSON GUEST EDITORS: *IEEE Trans. Robotics and Automation, Special issue on Visual Servoing.* Vol. 12(5), 1996.

[HN93] HARA, I. und T. NAGATA: *Robot Assembly Planning using Contract Nets.* In: *Proc. of the IEEE/RSJ Int. Conf. on Intelligent Robots and Systems*, Yokohama, Japan, July 1993.

[HPT97] HESSELBACH, J., N. PLITEA und R. THOBEN: *Advanced technologies for microassembly.* In: *Proc. SPIE 3202*, Pittsburgh, USA, 1997.

[HR85] HAYES-ROTH, B.: *A blackboard architecture for control.* Artificial Intelligence 26, Seiten 521–332, 1985.

[HS90] HOMEM DE MELLO, L. S. und A. C. SANDERSON: *AND/OR graph representation of Assembly Plans.* IEEE Transactions on Robotics and Automation, 6:188–199, April 1990.

[HS91] HOMEM DE MELLO, L. S. und A. C. SANDERSON: *Two Criteria for the Selection of Assembly Plans: Maximizing the Flexibility of Sequencing the Assembly Tasks and Minimizing the Assembly Time Through Parallel Execution of Assembly Tasks.* IEEE Transactions on Robotics and Automation, 7(5):626–633, Oktober 1991.

[HT97] HESSELBACH, J. und R. THOBEN: *Design of parallel robots for micro assembly.* In: *Proc. RAAD 97 Workshop*, Cassino, Italien, 1997.

[Hub97] HUBER, M.: *Ein mehrstufiger, dynamischer Planungsansatz für die Mikrosystemfertigung.* Doktorarbeit, FZK-IAI, 1997.

[IAK92] IKUTA, K., S. ARITOMI und T. KABASHIMA: *Tiny Silent Linear Cybernetic Actuator Driven by Piezoelectric Device with Electromagnetic Clamp.* In: *Proc. of the IEEE Int. Conference on Micro Electro Mechanical Systems (MEMS)*, Seiten 232–237, Travemünde, 1992.

[Inc99] INC., OBJECT MANAGEMENT GROUP: *Real-time Corba, OMG TC Document orbos/99-02-12.* Technischer Bericht, OMG, Needham, MA, USA, 1. März 1999.

[Inf93] *Duden Informatik*. Dudenverlag Mannhein, Leipzig, Wien, Zürich, 2. Auflage, 1993.

[KMSS98] KASAYA, T., H. MIYAZAKI, S. SAITO und T. SATO: *Micro object handling under SEM by Vision-based automatic control*. In: *Proc. of the SPIE Conference on Microrobotics and Micromanipulation*, Vol. *3519*, Seiten 181–192, Boston, MA, USA, November 1998.

[KS91] KRISHNAN, S.S. und ARTHUR C. SANDERSON: *Reasoning about Geometric Constraints for Assembly Sequence Planning*. In: *Proc. of the 1991 IEEE Int. Conf. on Robotics and Automation*, Seiten 776–782, Sacramento, CA, USA, April 1991.

[Län97] LÄNGLE, T. W.: *Verteiltes Steuerungskonzept für komplexe inhomogene Robotersysteme*. Doktorarbeit, Universität Karlsruhe (TH), 1997.

[Lew00] LEWALLEN, CHARLES SCHURCH: *Water Strider*. http://www.bio survey.ou.edu/okwild/, 2000.

[LS93] LEE, S. und Y. G. SHIN: *Assembly Coplanner: co-operative assembly planner based on subasselbmy extraction*. Journal of Intelligent Manufacturing 4, Seiten 183–198, 1993.

[Lyo90] LYONS, D.M.: *A Process-based Approach to Task Plan Representation*. In: *Proc. of the IEEE Int. Conf. on Robotics and Automation*, Seiten 2142–2147, Cincinnati, OH, USA, May 1990.

[Mag96] MAGNUSSEN, B.: *Infrastruktur für Steuerungs- und Regelungssysteme von robotischen Miniatur- und Mikrogreifern*. Fortschritt-Berichte VDI Reihe 8 Nr. 567, 1996.

[MDM+99] MARTEL, S., K. DOYLE, G. MARTINEZ, I. HUNTER und S. LAFONTAINE: *Integrating a complex electronic system in a small scale autonomous instrumented robot: the NanoWalker Project*. In: *Proc. of the SPIE Conference on Microrobotics and Microassembly*, Seiten 63–74, Boston, MA, USA, September 1999.

[MFR94] MAGNUSSEN, B., S. FATIKOW und U. REMBOLD: *Micro actuators: Principles and Applications*. Aufgaben der Informatik in der Mikrosystemtechnik, Zusammenfassung der Beiträge im Verlauf der Gründung der GI-Fachgruppe 3.5.6 "Mikrosystemtechnik", 1994.

[MFR95] MAGNUSSEN, B., S. FATIKOW und U. REMBOLD: *Actuation in Microsystems: Problem Field Overview and Practical Example of the Piezoelectric Robot for Handling of Microobjects*. In: *Proc. ETFA*, Paris, Frankreich, 1995.

[MGMF96] MUNASSYPOV, R., B. GROSSMANN, B. MAGNUSSEN und S. FATIKOW: *Development and Control of Piezoelectric Actuators for a Mobile Micromanipulation System*. In: *Proc. of the Int. Conference on New Actuators (Actuator'96)*, Seiten 213–216, Bremen, 1996.

[Mit00] MITSUBISHI: *5µm-Robotik für Mikrosysteme*. Carl Hanser Verlag, München, F&M Jahrg. 108 (2000) Nr. 3, 2000.

[MM99] F. Schmoeckel (ed.) et al. *Public Annual Report - MINIMAN Esprit Project No. 33915*, November 1999.

[MMF02] F. Schmoeckel (ed.) et al. *Public Final Report - MINIMAN Esprit Project No. 33915*, März 2002.

[Mor97] MORROW, J.: *Sensorimotor Primitives for Programming Robotic Assembly Skills*, 1997.

[MT90] MOSIMANN, W. und T. KOHLER: *Zytologie, Histologie und mikroskopische Anatomie der Haussäugetiere*. Verlag Paul Parey, 1990.

[MTKS97] MIYAZAKI, H., Y. TOMIZAWA, K. KOYANO und T. SATO: *Adhesive forces acting on micro objects in manipulation under SEM*. In: *Microrobotics and Microsystem Fabrication, SPIE 3202*, Seiten 197–208, Pittsburgh, 1997.

[Pap98] PAPP, G.: *Erstellung einer Software-Infrastruktur für ein Parallelrechnerarray zur Ansteuerung von Mikrorobotern*. Diplomarbeit, Universität Karlsruhe (TH), Dezember 1998.

[Pet62] PETRI, C. A.: *Kommunikation mit Automaten*. Mathematisches Institut der Universität Bonn, Schriften des rheinisch-westfälischen Instituts für instrumentelle Mathematik an der Universität Bonn, 1962.

[Pos90] *Portable Operating System Interface (POSIX), Part 1: System Application Program Interface*. International Standard ISO/IEC 9945-1: 1990, IEEE Std 1003.1, IEEE Computer Society, 345 E 47th Street New York, NY 10017 USA, ISBN 1-55937-061-0, 1990.

[PW96]   PANCERELLA, C. und R. WHITESIDE: *Using CORBA to integrate manufacturing cells to a virtual enterprise.* In: *SPIE Vol. 2913 Pro. of Plug and Play Software for Agile Manufacturing*, Boston, MA, USA, November 18-19 1996.

[RFDM95]   REMBOLD, U., S. FATIKOW, T. DÖRSAM und B. MAGNUSSEN: *The use of actuation principles for micro robots.* The ultimate limits of fabrication and measurement, Seiten 33–40, 1995.

[RGW98]   RÖHRDANZ, F., R. GUTSCHE und F. WAHL: *Assembly Planning and Geometric Reasoning for Grasping.* In: *IEEE International Conference on Robotics and Automation*, Seiten 233–238, Belgien, Mai 1998.

[Ric95]   RICHARDT, M.: *Entwicklung eines echtzeitfähigen Hintergrund-Kommunikationsmoduls.* Studienarbeit am Institut für Prozeßrechentechnik und Robotik der Universität Karlsruhe (TH), 1995.

[Ric99]   RICHARDT, M.: *Implementierung einer verteilten Mikroroboter-steuerung.* Diplomarbeit, Universität Karlsruhe (TH), Institut für Prozeßrechentechnik und Robotik, September 1999.

[RL93]   REMBOLD, U. und T. LÜTH: *Fehlertolerantes Verhalten und fortgeschrittene Manipulationsfähigkeiten des autonomen mobilen Roboters KAMRO.* In: *AMS München*, 1993.

[San98]   SANTA, K.: *Intelligente Regelung von Mikrorobotern in einer automatisierten Mikromontagestation.* Doktorarbeit, Universität Karlsruhe (TH), November 1998.

[SBJ98]   SULZMANN, A., P. BOILLAT und J. JACOT: *New developments in 3D Computer Vision for microassembly.* In: *Proc. of SPIE Int. Symposium on Intelligent Systems & Advanced Manufacturing, Vol. 3519*, 1998.

[SF98]   SANTA, K. und S. FATIKOW: *Development of a Neural Controller for Motion Control of a Piezoelectric Three-Legged Micromanipulation Robot.* In: *Proc. IROS*, Victoria, B.C., Kanada, 1998.

[SH93]   S. HIRAI, S. SARKANE, K. TAKASE: *Cooperative Task Execution Technology for Multiple Micro-Robot Systems.* In: *IARP Workshop on Micromachine Technologies and Systems*, Seiten 32–37, Tokyo, October 26-28 1993.

[SW98]	SALIM, R. und H. WURMUS: *Flexible microgrippers fabricated on photosensitive glass for the micromanipulation.* In: *Proc. of the SPIE Conference on Microrobotics and Micromanipulation, Vol. 3519*, Seiten 2–5, Boston, MA, USA, November 1998.
[SWK01]	SCHMOECKEL, F., H. WÖRN und M. KIEFER: *Das Rasterelektronenmikroskop als Sensorsystem für die Automation mobiler Mikroroboter.* Autonome Mobile Systeme 2001, Seiten 134–140, 2001.
[UEI02]	UNITED ELECTRONICS INDUSTRIES, INC.: *PowerDAQ II PCI Analog-Output board.* Technical reference, 2002.
[Var97]	VARSA, V.: *Entwicklung einer Programmierumgebung für Mikromanipulationsroboter.* Diplomarbeit, Universität Karlsruhe (TH), September 1997.
[vM94]	MEISS, P. VON: *Automated assembly units for microsystems.* mst news, 9:2–3, 1994.
[Wal01]	WALSH, S. T.: *Choosing between integrated and hybrid microsystems.* Micromachine Devices, 6(11):2–3, November 2001.
[Wol89]	WOLTER, J. D.: *On the Automatic Generation of Assembly Plans.* In: *Proc. of the IEEE Int. Conf. on Robotics and Automation*, 1989.
[WPK97]	WHITESIDE, R., C. PANCERELLA und P. KLEVGARD: *A CORBA-based Manufacturing Environment.* In: *Proc. of te Hawaii Intl. Conf. on System Sciences*, Maui, Hawaii, Januar 7-10 1997.
[WSB+01]	WÖRN, H., F. SCHMOECKEL, A. BÜRKLE, J. SAMITIER, M. PUIG-VIDAL, S. JOHANSSON, U. SIMU, J.-U. MEYER und M. BIEHL: *From decimeter- to centimeter-sized mobile microrobots - the development of the MINIMAN system.* In: *Proc. of SPIE's Int. Symp. on Intelligent Systems & Advanced Manufacturing, Conference on Microrobotics and Microassembly*, Boston, MA, USA, October 2001.
[WÜEW98]	WECHSUNG, R., N. ÜNAL, J. C. ELOY und H. WICHT: *Market Analysis for Microsystems.* Technischer Bericht, NEXUS task force, Oktober 1998.
[YD99]	YANG, Z. und K. DUDDY: *CORBA: A Platform for Distributed Object Computing.* Technischer Bericht, CRC for Distributed Systems Technology (DSTC), Level 7 Gehrmann Laboratories, Univ. of Queensland, Australien, 1999.

[YGN01] YANG, G., J. A. GAINES und B. J. NELSON: *A Flexible Experimental Workcell for Efficient and Reliable Wafer-Level 3D Microassembly.* In: *Proc. of the 2001 IEEE International Conference on Robotics and Automation*, Seiten 133–138, Seoul, Korea, Mai 21-26 2001.

[YH95] YAMAGATA, Y. und T. HIGUCHI: *A micropositioning Device for precision automatic assembly using impact force of piezoelectric elements.* In: *Proc. of Int. Conf. on Robotics and Automation*, Seiten 666–671, Nagoya, 1995.

[YNP+99] YESIN, K. B., B. J. NELSON, N. PAPANIKOLOPOULOS, R. M. VOYLES und D. KRANTZ: *A system of launchable mesoscale robots for distributed sensing.* In: *Proc. of the SPIE Conference on Microrobotics and Microassembly*, Seiten 85–92, Boston, MA, USA, September 1999.

[ZBCS95] ZESCH, W., R. BÜCHI, A. CODOUREY und R. SIEGWART: *Inertial Drives for Micro-and Nanorobots: Two Novel Travel Mechanisms.* In: *Proc. of Int. Symp. on Microrobotics and Micromechanical Systems*, Seiten 80–88, Philadelphia, Pennsylvania, USA, 1995.

[ZKK99] ZHOU, Q., P. KALLIO und H. N. KOIVO: *Modelling of micro operations for virtual micromanipulation.* In: *Proc. of the SPIE Conference on Microrobotics and Microassembly, Vol. 3834*, Seiten 195–202, Boston, MA, USA, September 1999.

[ZKK00] ZHOU, Q., P. KALLIO und H. N. KOIVO: *Model-Based Handling and Planning in Micro Assembly.* In: *Proceedings of the 2nd International Workshop on Microfactories (IWMF 2000)*, Seiten 71–74, Fribourg, Schweiz, Oktober 2000.

[ZN98] ZHOU, Y. und B. J. NELSON: *Adhesion force modeling and measurement for micromanipulation.* In: *Proc. of the SPIE Conference on Microrobotics and Micromanipulation, Vol. 3519*, Seiten 169–180, Boston, MA, USA, November 1998.

Index

A
Abhängigkeitsanalyse 77
Adhäsionsgreifen 8
Aktorebene 51, 65
Aktorsteuerung
   hybrider Parallelrechner 65
Analogwerte 10
Anforderungen 3–14
   an ein Planungssystem 12
   an ein Steuerungssystem 10
   der Mikromontage 8
   Hardware- 14
Aufgabenstellung 8
Ausblick 127–128
Ausführungszeit
   Planung 122
Ausgabealphabet
   parameterlos 57
Automat 55
   parametrisierter 56
Automatenverbund 58
Automatenverbundtheorem 58
   Beweis 60–62

B
Basisklassen 53
Baugruppe 84
beste Montagefolge 102
Betriebssystem 48
Bewegungsaufwand 106

C
CORBA 62

D
Dekomposition
   der Montagefolge 104, 107
DPR 38, 66
DSP 40
dual-Ported RAM 37, 38
dual-ported RAM 66
Durchführbarkeit 84
   geometrische 85
   mechanische 89
   skalierungsbedingte 90
Durchführbarkeitsgraph 95
   Beispiel 150
Durchführbarkeitskriterien ... 85–93
Durchführbarkeitsmatrix 93
   Beispiel 147
Durchführung der Montage 40

E
Echtzeit 11
Echtzeitbetriebssystem 48
Echtzweitkommunikation 72
Eingabealphabet
   parameterloses 57
endlicher Automat 55
Ermittlung von Montagefolgen ... 93
Erprobung und Test 111–122

F
Fehlerfall
   Neuplanung im 121
Formelzeichen xi
Freiheitsgrad 10
   Beispiel 149

G
geometrische Durchführbarkeit .. 85
Gravitation 4
Greifer
   angepasste 7
   strukturierte 8
Greifprinzipien 7

H
Hand
   helfende 22
Hardwareanforderungen 14
helfende Hand 22
hybrider Parallelrechner 36, 116
Kommunikation im 37

I
Initialmarkierung 60
Interpreter 75
   Abhängigkeitsanalyse 77
   parallelisierende Ausführung . 76

K
Klassen 53
Knotenmenge 59
Konfiguration **84**
Konstruktoren 56
Kontaktfläche
   von Greifern 7
Kontrollierbarkeit 91
   Beispiel 148
Kooperation
   von Robotern 118
Kopplung
   von Objekten 11, **62**
korrekte Montagefolgen 94
Kostenfunktion 99

L
LAU **111**
Leitebene 51, **74**
Linsenjustage-Einheit 111

Linux
   Real-Time 48–50

M
Manipulationsfreiheit **86**
Manipulator 9
mechanische Durchführbarkeit ... 89
Mikrocontroller 37, 65
Mikromontage **8**
   robotergestützte 15
Mikromontage-Planungssystem
   Anforderungen an ein 12
Mikromontage-Steuerungssystem
   Anforderungen an ein 10
Mikromontagemodell **85**, 92
Mikromontageprimitiv **43**
   skalierungsinvariant **42**
Mikromontageprimitive 40–45
Mikromontagestation ... 10, 32, **115**
   Objekte der 135
Mikroroboter
   Klassifikation 17–19
      nach Bewegungsbereich ... 17
      nach Funktionseinheiten ... 18
      nach Größe 17
   mobile **9**, 22–26
   stationäre 19
      Gelenkroboter 20
      Linearachsysteme 19
      Parallelkinematiken 21
Mikrorobotere 9
Mikroskop 10
Mikrosystem
   hybrides 3
   monolithisch integriertes 3
Mikrosystemtechnik 1
Miniman 26
Miniman-III 9, **111**
Miniman-IV **114**
Modell
   Welt- und Produkt- 83

monodirektionaler Montageplaner 12
Montage
    Durchführung der 40
Montagebeispiel 120, 147–153
Montagefolge **84**
    Dekomposition 104, **107**
    optimale 94, **97–104**
Montagefolgen
    Ermittlung von 93
    korrekte 94
Montageoperation **84**
Montagepläne
    Klassifikation 12
Montageplan **84**
Montageplaner 12
Montageprimitive 40–45
Montageskills 74

N
Nanoroboter 17
Neuplanung 121

O
Oberflächenkräfte 4
Objekt 51
Objekte
    der Mikromontagestation ... 135
Objekthierarchie 51
Objektkopplung 11, **62**
    Entwicklung 71
    Simulation 63
optimale Montagefolge .. 94, **97–104**
Optimierungskriterien 98–102

P
parallelisierende Ausführung 76
Parallelrechner
    hybrider 36, 116
        Kommunikation im 37
Parameter **56**
parametrisierter Automat 56
partielle Skalierungsinvarianz 42

PC-basierte Steuerung 69
PC-basierter Steuerrechner .. 39, 117
PC104 37
Petri-Netz 52
    für Station mit 1 Roboter ... 138
    Knotenmenge 59
    Simulation 140–142
Piezoaktoren 24
Planungssystem 83–109, 120
    Anforderungen an ein 12
    Konzept 34–35
    Realisierung 108
Planungssysteme 28
Potenzial
    visuell-sensorisches 92
    Beispiel 149
Produktmodell 83

Q
Quellrelation 59

R
RAM
    dual-ported 37, **38**, 66
Rasterelektronenmikroskop 10
Real-Time-Linux 48–50
Regelungsalgorithmen 74
Roboter 9
Robotergreifer
    angepasste 7
Roboterkooperation 118
Roboterprogrammiersprache 75
    parallelisierende Ausführung . 76
RobotMan 26, **113**

S
SCARA-Roboter 21
Schreibweisen xi
Sensor-Aktorebene 51, **65**
Sensoren 11
Separationsfreiheit **86**
Simulation

Beispiel 140–142
Simulation der Objektkopplung .. 63
skalierungsbedingte
　Durchführbarkeit 90
Skalierungseffekt 4
Skalierungsinvarianz **41**
slip-stick Prinzip 24
Steuerrechner 36–40, 116–118
　hybrider Parallelrechner. 36, 116
　　Kommunikation 37
　PC-basiert 39, 117
Steuerungen 26
　von Mikrorobotern 27–28
Steuerungsebene 51, **69**
　Zustandsübergangsfunktion .. 57
Steuerungsobjekte
　Eigenschaften 54
　Modellierung 52–62
　Zustandsübergangsfunktionen 55
Steuerungssystem 47–81
　Anforderungen an ein 10
　Entwicklung 65
　Entwurf 48
　Konzept 32–33
　PC-basiert 69
Systementwurf 31

T
Teilbaugruppe **84**
Test und Erprobung 111–122

U
UND/ODER-Graph 83, 98
　Beispiel 150, 152

V
visuell-sensorisches Potenzial 92
　Beispiel 149

W
Weltmodell 83

Z
Zielrelation 59
Zusammenfassung 125–127
Zustandsübergangsfunktion 57
　Beispiel 136
Zustandsautomat 55
Zuteilung 105